北京市社会科学基金项目
（项目编号：14JGB037）

基于绿色供应链生命周期视角的
城市垃圾减量化模式

崔铁宁　著

U0251883

中国环境出版集团·北京

图书在版编目（CIP）数据

基于绿色供应链生命周期视角的城市垃圾减量化模式 /
崔铁宁著. - - 北京：中国环境出版集团，2024. 12.
ISBN 978-7-5111-6055-3

Ⅰ. X799.305

中国国家版本馆CIP数据核字第20249U6Q09号

责任编辑　侯华华
封面设计　宋　瑞

出版发行　中国环境出版集团
　　　　　（100062　北京市东城区广渠门内大街 16 号）
　　　　　网　　址：http://www.cesp.com.cn
　　　　　电子邮箱：bjgl@cesp.com.cn
　　　　　联系电话：010-67112765（编辑管理部）
　　　　　发行热线：010-67125803，010-67113405（传真）
印　　刷　北京中科印刷有限公司
经　　销　各地新华书店
版　　次　2024 年 12 月第 1 版
印　　次　2024 年 12 月第 1 次印刷
开　　本　880×1023　1/32
印　　张　8.25
字　　数　204 千字
定　　价　49.00 元

前　言

　　虽然"垃圾减量优先"早已成为垃圾管理的原则，但目前城市生活垃圾减量和处理的研究和实践仍更关注末端分类回收和无害化处理层面。对物质资源减量化消费和高效回收利用的全过程系统长期管理的忽略，以及不可持续垃圾处理方式造成较大的环境成本，使政府不堪重负。传统的城市生活垃圾管理方式已经难以面对当下垃圾增长对城市管理和可持续发展带来的挑战。

　　本书的中心思想是推动生活垃圾过程减量管理，体现避免产生优先、物质流过程资源减量管理和回收利用的生活垃圾管理原则。立足国内外研究存在的不足，重新定义物质流过程资源减量管理研究的系统范畴，以及生活垃圾管理体系，提出绿色感知强度指数和垃圾减量行为绿色强度指数等概念，通过研究宏观管理、基础设施和微观主体心理感知、行为之间的关系，揭示物质流过程中管理、基础设施等因素内化为行为主体的垃圾减量认知、态度和行为的规律性，以及生活垃圾领域存在的管理—认知—行为的缺口，得出生活垃圾减量系统是消费模式、行为模式和经营、管理模式协同联动的有机整体等结论；从宏观视角构建战略、战术、执行 3 个层次的资源减量管理分析框架，梳理基于物质流过程的生活垃圾减量管理体系，分析垃圾减量管理的系统缺口，构建了生活垃圾过程减量管理矩阵，并进行了生活垃圾减量综合效益分析。总之，在对生活垃圾减量管理与相关主体行为的协同性分析前提下，梳理并提出完善管理体系的管理矩阵构成了本书所提出的基于物质流生命周期的生活垃圾减量模式的整体架构。本书对当前城市生活垃圾管理的发展现状和存在问题分析把握较准确，为生活垃圾管理研究的进一步深化奠定基础；另外，本书也着重对当前生活垃圾管理思想、管理模式、管理体系作了分析研究，对提升生活垃圾管理成效、降低管理成本具有一定意义；本书提出了部分对策建议，可为政府管理者提供有意义的参考；本书也可为大中专院校生态环境管理领域的教学与科研提供参考。

本书主要基于北京市社会科学基金项目"基于绿色供应链生命周期视角的城市垃圾减量化模式研究"（项目编号：14JGB037）的研究成果编写而成，项目已经通过专家评审，并获得专家好评。在课题研究期间，硕士研究生牟雪娇、王丽娜同学为本课题做了大量调研和文本撰写工作，其他研究生参与了本书的文字整理工作。本书将课题研究和生活垃圾管理实际相结合，广泛开展调研，注重与时俱进。希望能够为城市生活垃圾管理的研究和实践贡献微薄之力。

限于时间、精力、人力和能力，难免存在错误及不足之处，希望广大读者批评指正。

崔铁宁

2024 年 7 月

目　录

一、绪　论

（一）我国是垃圾产量大国

我国是人口大国，也是垃圾产量大国，但不是资源减量利用大国，城市生活垃圾问题已成为 21 世纪重要的环境问题之一。当前科技进步，人口增长，人民生活水平不断提高，"垃圾围城"现象也随之出现。我国城市垃圾年产量在 20 世纪 80 年代为 1.15 亿 t，90 年代已达 1.43 亿 t（仅次于美国，居世界第 2 位）；2018 年城市生活垃圾清运量为 2.28 亿 t，同比增长 5.95%，一半以上的主要城市面临"垃圾围城"的困境，随之而来的是近 300 亿元的混合垃圾处理成本和巨大的经济损失。据预测，2030 年生活垃圾产量可能突破 3 亿 t，且随着社会与经济的发展和城镇化的推进仍在持续增长。据预测，到 2025 年我国城市固体废物的产生量将达到世界总产生量的近 1/4，处理费用会增加 5 倍。城市垃圾侵占土地面积巨大，经济损失较高，一部分城市甚至已经没有可供使用的垃圾填埋场。城市生活垃圾处理不当不仅会影响城市景观，也会污染大气、水和土壤，对城镇居民的健康构成威胁。垃圾已成为城市发展中的棘手问题，不仅严重影响了城市形象，阻碍了精神文明和社会建设，而且将带来巨大的环境挑战和压力。生活垃圾减量和可持续管理是我国必须打赢的一场环保攻坚战。目前，我国整体上垃圾管理体系和模式仍需进一步优化，摆脱末端处理的传统方式以适应生态文明建设发展的需要。

（二）垃圾是放错位置的资源

生活垃圾一直伴随人类的发展，外卖包装、商品包装、废旧家电、旧衣服以及厨余垃圾等，各种各样的垃圾因循着人类的生活轨迹而产生，但较少有人会关注"自己是否该尽可能减少或不产生垃圾，自己丢弃的垃圾到哪里去了"这样的问题。随着环境保护意识的增强，"垃圾即是资源"的理念逐步深入人心：一个时空领域的垃圾在另一个时空领域会成为资源，也是永不枯竭的城市矿藏，"城市矿山""城市森林"和再生资源产业应运而生。

我国生活垃圾中 60%左右为有机垃圾，废纸塑料类约占超过20%，约 4%为玻璃，金属、织物类也占一定比例。如果合理开发，就能变废为宝。《国际先驱论坛报》（*International Herald Tribune*）曾载文称：相对于用原生资源，生产等量相应材料铝和塑料的再生利用可节省能源 90%以上；钢和纸的再加工可节省能源 50%；玻璃再生产可节省能源 30%；回收 1 t 废铁，大约可以炼出 0.85 t 钢，而且比用原生矿石冶炼节约成本 47%，并减少废气、废水、废渣和温室气体排放；1 t 易拉罐熔化后能结成 1 t 铝块，可少采 20 t 铝矿，节约投资 87.5%，生产费用降低 40%～50%，铜的回收利用可节能 84%；1 t 废纸可造纸 800 kg，相当于节省木材 4 m^3 或少砍伐树木 20 棵；1 t 废塑料再生利用约提炼出 0.7 t 汽油/柴油；1 t 有机生活垃圾或养殖粪便，约可产生 100 m^3 沼气，还能产生 286 kW·h 电能和 90 万 kJ 热能、0.6 t 有机肥，可减排 0.26 tCO$_2$；1 t 废玻璃可生产一块篮球场面积大的平板玻璃或 2 万个 500 g 的瓶子；用 100 万 t 废弃食物加工饲料，可节约 36 万 t 饲料用谷物，可产生 4.5 万 t 以上的猪肉。

据估算，总体上再生有色金属的生产费用大约是生产有色金属本身费用的一半，每利用 1 t 废旧物资，可节约自然资源 4.12 t，节约能源 1.4 t 标准煤，减少 6～10 t 垃圾处理量。研究表明，这些垃圾 90%以上可回收利用，我国可回收而未回收利用的再生资源价值至少达 300 亿～350 亿元，但当前由于技术、制度等因素，垃圾回收利用率较低。

（三）生活垃圾管理面临的主要问题

1. 末端处理为主的生活垃圾管理方式不可持续

（1）生活垃圾末端处理模式在持续演进和发展

随着中国经济社会发展和人民生活水平不断提升，生活垃圾清运量不断增加。2011—2020 年中国生活垃圾清运量如图 1.1 所示。

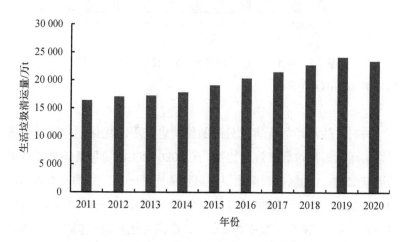

图 1.1 2011—2020 年中国生活垃圾清运量

数据来源：中国统计年鉴。

长期以来，生活垃圾管理以无害化处理为主要目标，主要采取卫生填埋、焚烧和堆肥 3 种方式。随着管理力度加强和管理水平提高，垃圾无害化处理率不断上升，较 2011 年全国 79.8%的无害化处理率，中国生活垃圾无害化处理行业取得了令人瞩目的成绩，2020 年，全国生活垃圾无害化处理量达到 23 452.3 万 t，无害化处理率达到99.70%，如图 1.2 所示。

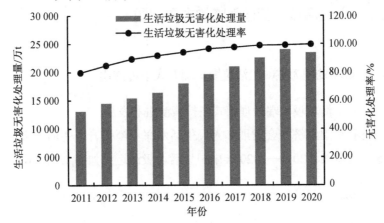

图 1.2　2011—2020 年中国生活垃圾无害化处理情况

数据来源：中国统计年鉴。

同时，生活垃圾无害化处理的结构也在不断优化，从以卫生填埋为主逐渐提高垃圾焚烧的比例，到 2020 年生活垃圾焚烧处理占比已达 62.29%，焚烧处理量比卫生填埋量更胜一筹，如图 1.3 所示。2011—2020 年，我国生活垃圾焚烧处理量由 2 599 万 t 增加至14 608 万 t，年复合增长率达 21.1%。全国各地垃圾焚烧项目在迅速规划建设过程中，如图 1.4 所示。垃圾焚烧较显著地缓解生活垃圾填埋带来的占用土地、长期潜在环境风险较大、污染土壤和水源等突出问题。

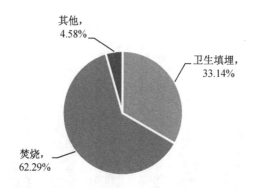

图 1.3　2020 年中国生活垃圾无害化处理结构

数据来源：中国统计年鉴。

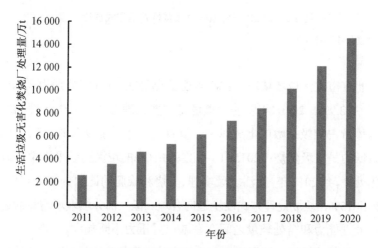

图 1.4　2011—2020 年中国生活垃圾无害化焚烧厂处理规模

数据来源：中国统计年鉴。

分区域看，各地区焚烧处理方式利用情况差异性较大。经济发达地区采用焚烧处理方式的比例较高，其中华东为 80%、西南为 62%、华南为 65%，而西北、东北地区焚烧方式的利用率较低，如图 1.5 所示。

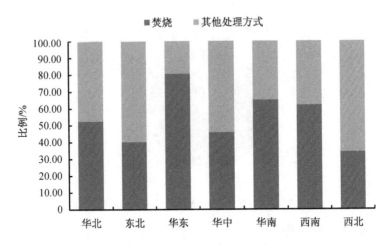

图 1.5　2020 年各地区垃圾焚烧处理方式占比

数据来源：中国统计年鉴。

　　北京市生活垃圾填埋、焚烧、堆肥的比例在 2005 年分别为 82.4%、4.7%、12.9%，2010 年以前，填埋是主要处理方式，卫生填埋的垃圾总体量占垃圾总数的七成以上，其次为高温堆肥法处理，所占比例最低的是垃圾焚烧；2015 年，北京约 50% 的垃圾已经采用焚烧或生化处理，到 2017 年，生活垃圾填埋、焚烧和堆肥的比例分别为 43%、42% 和 15%，垃圾处理方式逐步趋向合理。但大部分填埋场超负荷运行，处理能力和需处理量之间存在缺口且压力不断加大。

　　传统的垃圾卫生填埋处理方式存在浪费资源和土地、污染环境的潜在风险；未经分类的生活垃圾进行焚烧处理，不仅会造成垃圾中部分可利用资源被焚烧，无法实现资源循环利用，还可能降低热值并使垃圾焚烧设备由于垃圾成分复杂在焚烧过程中受损。厨余垃圾由于自身水分、油分较多，不经分类和前期处理直接进行焚烧处理会导致焚烧成本加大，与生活垃圾一同填埋处理会产生难以处理的渗滤液，引起沼气泄漏与细菌滋生，易造成二次污染。因此，随着传统生活垃圾末端处理模式的弊端逐步显现，垃圾的处理方式呈现了快速发展状态，正在向着可持续发展理念指引下的最佳垃圾管理方式前行。

（2）生活垃圾管理仍未从根本上摆脱末端治理的局面

2019 年以前，我国生活垃圾管理处于不断提升完善垃圾日产日清和无害化处理能力的阶段，垃圾分类回收体系尚不完备，垃圾分类管理进展不够显著，尤其是可持续理念下的生活垃圾源头减量管理工作相对滞后。

首先，在管理投入和处理设施建设方面呈现末端管理特征。政府在生活垃圾治理方面，尽管在不断加大垃圾分类的支持力度，但更加偏重垃圾末端处理而轻源头减量的管理路径未得到根本转变，投入近百亿元处理垃圾，而对于垃圾回收和资源化的投入占比仍然较少：中国约 90%的资金投向末端治理，而一些垃圾管理先进的发达国家则将 90%的资金投在源头减量和资源化管理上。在循环经济体系中，生活垃圾管理是废物资源的社会大循环部分，生活垃圾减量化、分类回收、再利用、资源化是循环经济的重要组成部分。目前，生活垃圾分类正在推进中，而废物资源回收循环的体系还需全面构建，废物资源再生循环的经济机制和再生资源市场明显缺位，存在比较显著的外部性现象。

其次，现有生活垃圾处理结构和方式仍有较大的优化空间。卫生填埋发展进程中填埋量将不断被减压，一些欧洲国家已经提出"零填埋"的口号，垃圾焚烧将成为最重要的处理方式。垃圾焚烧虽然可以回收部分能源，但并非是资源效率最高的处理方式，如果未进行生活垃圾处理的系统优化，解决源头减量、前期合理分类、回收、资源化，而笼统粗放地建设垃圾焚烧处理设施并不是科学有效的。目前已出现质疑过度焚烧的声音。

资料显示，上海当前的焚烧能力已经超出实际焚烧量近 4 000 t/d，而且还将扩大。这就是上海垃圾末端处置的"偏科"现象——重干垃圾焚烧，而轻湿垃圾处置。生态环境部副部长赵英民透露，在过去的 10 年，我国垃圾焚烧厂的数量增加了 303%，而各种生活垃圾处置厂总数增加了 86%。焚烧厂在垃圾处置能力提升中独领风骚。据磐之石环境与能源研究中心一份报告，2020 年生活垃圾焚烧处理占比达到 57.5%，超过了"十三五"规划中的 54%。虽然我国在运行的垃圾焚烧厂数量从 104 座猛增到了 455 座，但是其平均年运行天数却始终在 280 天上下徘徊，开动率不足是产能过剩的标志之一。据测算，如果将当前这 455 座焚烧厂的平均运行天数增加到 320 天，增加的产能就可以让 63 座日处理能力 1 100 t 的焚烧厂的建设变得不再必要。给予垃圾焚烧发电的电价补贴为焚烧产业的产能过剩提供了"错误的激励"，不仅垃圾焚烧发电不是清洁电力，而且对焚烧的依赖将阻碍垃圾的源头减量和资源化利用的努力。

最后，生产、消费行为领域垃圾源头减量的行为理念需要大力推动。生态文明的理论指导我们：要从根本上将传统生产、消费方式和行为模式转变为绿色低碳循环的生产、生活和消费模式；虽然"垃圾减量优先""减量化、资源化、无害化"早已成为法规中垃圾管理的原则，但目前垃圾管理的研究和实践重垃圾分类及处理、轻回收循环利用，重末端处理、轻源头和过程减量的状况十分突出，对物质资源生产、消费和利用过程系统的资源节约和全过程回收循环管理有所忽略，并长期延续传统的不可持续垃圾处理方式，造成较大的环境成本，其经济外部性使政府不堪重负，对城市管理和可持续发展带来了挑战。城市垃圾管理是一个系统化管理过程，需要建设一个协同且具有生态和经济双重效益的资源管理体系，大幅实现资源减量化和资源化，同时减少污染和降低处理成本。

自 2019 年起，全国范围内推进强制生活垃圾分类，努力促成居民生活垃圾分类行为习惯养成，但对于全民形成绿色低碳生活消费和行为方式的倡导还不够，企业责任延伸、垃圾管理外部成本内部化等经济机制尚未真正得到落实，生活垃圾管理总体上仍偏重依赖政府的管理和投入，主要进行物质流末端的垃圾分类、收运和处理，回收系统不够完备，垃圾分类体系及回收利用机制尚未完全形成，未实现垃圾分类回收和再生资源循环的"两网融合"，可回收垃圾的回收产业链正在建设完善当中。

2. 生活垃圾分类管理相对粗放

（1）生活垃圾分类回收不够精细化

长期以来，我国生活垃圾中 50%～70%为厨余垃圾，但其分类回收率长期处于 10%以下。2019 年以后，国内一些城市通过立法推行强制生活垃圾分类，生活垃圾厨余成分分出率显著提升。但现阶段垃圾分类回收尚不能做到精细化，未能根据垃圾资源的成分特点针对性实施科学的分类、回收利用和处理，尤其是一些低值可回收物①，难以得到分类回收。少量高值可回收物形成的回收产业则是处于无序状态下的市场行为，回收资源品类、数量有限，质量也难以保证，缺乏规范和标准，技术水平低下。

（2）生活垃圾分类管理系统性不强

现有的管理模式主要体现为末端处理，即对于已经产生的垃圾进行分类、收集、运输、处理，而基于源头预防的对供应链、物质

---

① 高值可回收物指靠市场调节回收的具有较高回收价值的，如废纸、废金属、铝、铜等。低值可回收物或可再生资源，指具有一定循环利用价值，单纯依靠市场调节难以有效回收，需规模化回收集中处理才能重新获得循环使用价值的，如玻璃类、废木质类、废软包装、塑料类等。

流过程的系统管理还相对滞后。垃圾收运、消纳体系包括分类投放、收集、运输、处理 4 个环节，但分类回收、循环利用体系仍不够健全，垃圾管理系统整体上存在不规范、不平衡、不协调等问题，因此造成诸多环境问题，成为城市管理的主要难点。

首先，垃圾"分类投放"环节仍然存在投放者行为规范性薄弱的问题，且监管不够。垃圾分类投放是整个垃圾收运体系的第一个环节，也是建立健全垃圾收运体系的难点。多年来，垃圾产生者思想上认为扔垃圾是天经地义的事，随手乱扔、不分类混投混放现象较为普遍，形成长期惯性，对于垃圾管理的过程监管一直未能形成一套规范模式，根源也在于缺乏细化的监管政策、监管标准、监管主体和监管流程等系统化规定。

其次，垃圾"收集"环节的规范管理需要加强。垃圾分类收集是整个垃圾收运体系的关键。目前更强调分出厨余和其他两类垃圾，混投、混放、混装、混运、混合处理的情况仍然存在，未能与再生资源体系有机衔接，导致分类回收资源无法实现资源化利用的现象仍较普遍。对有些垃圾的收运、管理不充分，既造成资源浪费又污染环境。

最后，末端的垃圾分类收运、分类回收资源化的环节衔接不畅，系统化管理仍然欠缺。垃圾分类投放—分类收运—分类回收利用—分类处理等各处理处置流程衔接不够顺畅，分类回收体系不够健全，垃圾分类收运未能做到种类全覆盖。

3. 再生资源回收渠道不畅，静脉产业尚待发展

近年来，再生资源行业得到了一定程度的重视和发展，转型升级步伐加快。随着各地环保稽查执行力度加大，再生资源回收行业加强改革，一批具有竞争力的新型回收企业脱颖而出，而且普遍树

立绿色发展理念。2018 年，商务部为了加强行业引导，积极推广绿色回收，指导编制并修订《再生资源绿色回收规范》《再生资源绿色分拣中心建设管理规范》，2021 年 5 月开始实施，规范再生资源绿色回收，加快推动再生资源回收行业绿色发展。另外，开始探索生活垃圾分类和再生资源回收新模式。《生活垃圾分类制度实施方案》自 2017 年正式实施以来，在 46 个重点城市实施生活垃圾强制分类。2018 年，住房和城乡建设部决定在全国地级及以上城市全面启动生活垃圾分类工作。一部分再生资源回收企业逐步向垃圾分类业务延伸，通过政府购买市场服务的方式，提高供给服务质量，实现生活垃圾分类清运与再生资源回收分拣一体化服务。但目前行业发展还存在显著的问题。

（1）组织化程度低，未形成系统的发展格局

再生资源回收网点分布缺乏统一规划，无法实现区域全覆盖，多数品类的废物资源的回收产业尚未形成规模和体系，产业链尚未形成，影响再生资源回收再利用产业的发展。

（2）需要加强扶持再生资源产业和市场并完善回收体系

2007 年，商务部通过了《再生资源回收管理办法》，自 2007 年 5 月 1 日起施行。2019 年 11 月商务部第 19 次部务会议审议通过《再生资源回收管理办法》（修订版），更进一步加强行业管理，规范再生资源产业，为下一步再生资源产业发展奠定了法律基础。但是对于再生资源行业市场化、产业化的发展还需进一步细化有关政策，对于行业的监管也需进一步规范和提升；另外，建立网络化的回收渠道和体系，出台相关政策，形成有利于再生资源产业发展的市场机制是促进垃圾减量的重要措施。

（3）再生资源回收行业准入门槛低，经营规范化程度低

目前，再生资源回收尚未形成标准化、规范化的运作流程，行

业秩序较混乱，无法实现回收品类全方位覆盖，且存在诸多环境、安全隐患。回收人员仅根据市场营利的导向进行回收，少量经济效益较好的可回收物，如废纸制品、易拉罐、塑料饮料瓶等回收实现市场化运营，但大多是无序状态下的市场行为，回收资源种类数量有限、质量难以保证；部分品类经济效益差，回收率低。长此以往，将造成大量再生资源严重浪费，不利于实现废物资源化。目前，全国垃圾分类回收静脉产业发展的系统化衔接存在的问题具有普遍性，实施"两网融合"①举措是当前我国生活垃圾管理的重要任务之一。

（4）新兴领域发展引发的新问题

随着电子商务、快递、外卖等新兴业态的迅猛发展，快递包装袋、带有大量胶带的纸箱、塑料餐盒等消耗量快速上升，由于分布广、质量轻、附加值低、利用成本高等问题，单纯靠市场机制不能有效回收，再加上回收后的加工利用成本高，难以形成完整的再生资源回收利用产业链。

（5）低值再生资源回收需政策支持

我国低值再生资源回收"瓶颈"仍未突破，尚未形成回收、仓储、物流、再利用的高效产业链。以废玻璃为例，我国居民端废玻璃的回收率不足 10%。大量低值再生资源混入生活垃圾，加大了后端回收分拣的难度。只有少量低值再生资源能进入回收利用环节，多数作为普通垃圾进行焚烧或填埋处置。

（6）农村再生资源回收亟待加强

近年来，农村地区再生资源回收需求逐步增大，而农村地区、城乡接合部及县级城市的再生资源回收能力相对滞后，回收站点少，且布局不合理，缺少分拣加工设备设施，无法提供再生资源回收、运输、储存、分拣等配套服务，客观阻碍了农村再生资源回收量的

---

① "两网融合"：指垃圾分类网和资源再生网两个体系相互融合。

提高。

（7）缺乏统一的信息管理平台

很多城市和地区尚未将生活垃圾处理、再生资源回收利用等数据进行统计整合，目前各部门之间、政府和企业之间的信息流通不畅，信息管理水平较低，无法系统、准确地把握再生资源行业发展情况。

（四）生活垃圾管理的研究和实践进展

1. 国内外生活垃圾管理经验模式概述

（1）国外城市生活垃圾管理先进经验

①美国。源头减量化是美国垃圾治理的核心思想，从生产阶段开始重视垃圾减量，末端注重资源化与填埋、堆肥处理合理兼顾。美国已经形成成熟的环境类立法层次，形成了以《国家环境政策法》为环保基本法，以系列专门环境保护法规作为下位法律的法规体系。对于固体废物处理，除了《固体废物处置法》等专业法律外，还有《国家优先治理污染场地顺序名单》（NPL）等。在践行垃圾减量化原则上，美国城市生活垃圾的末端环节形成了比较完整的商业性质的产业链，按可再生与非可再生分类收集、加工与出售。

②德国。德国的垃圾处理理念体现了资源减量优先的原则，并将此原则贯穿于其相关立法和垃圾管理过程中。在立法方面，德国本着"谁污染谁治理、预防为主"等原则制定了全世界第一部循环经济法，率先进行包装材料回收与循环利用。在管理方面，生活垃圾末端处理环节形成一套完整的产业链，垃圾分类细化到厨余垃圾、纸、家具等各类可回收废物类型；在收费方面，政府与德国回收利

用系统股份公司（DSD）共同收费，对公司和家庭采用计量收费。其突出的特点是，重视垃圾处理行业从业人员的教育和培养，目前垃圾处理行业从业人员 20 多万人，大学开设相关课程；垃圾处理行业的商业价值高，产业完善，为垃圾治理提供参考。

③日本。日本垃圾治理具有资源减量化、立法成熟、分类高度细化的特点。在日本，末端环节的回收和垃圾产生问题备受企业界重视，因为环境罚款足以让企业破产；为消除废旧家电潜在的环境危害，颁布《日本家电回收再生利用法》，并每年颁布《循环型社会白皮书》规范其他可回收物的回收利用，分类详细周全，对国民进行垃圾分类教育，并且强制企业参与回收。

④韩国。韩国的垃圾管理具有法律完善、重视教育、计量收费的特点：《废弃物管理法》引入减量化与垃圾分类的内容，如超市不提供免费塑料袋；民众注重更环保的生活；民众按总处理费用的40%的比例承担垃圾处理费用。

⑤瑞典。瑞典的环境立法起步晚，发展快、效果佳，体现了避免产生优先的原则。瑞典重视废弃物循环利用的立法、权责分明地规定了企业的义务，同时重视垃圾回收阶段的奖惩立法，严重者将被处以罚金和监禁。

（2）生活垃圾管理在我国的实践

对我国而言，城市生活垃圾管理不断发展，积累了丰富的经验，但仍呈现出生活垃圾管理系统适应性较弱，回收管理体系不够完善的状况。Daniel Hoornweg 等在 *Nature* 上发表文章指出，世界垃圾产生量到 2025 年将是 2016 年的 2 倍，在 21 世纪将达到峰值。我国的城市生活垃圾产生量 2025 年可能将达世界总量的 1/4，迫切需要系统研究以破解长期以来垃圾减量管理的障碍，尽早建立最佳垃圾管理模式。而垃圾分类是这一切工作的基础和关键。近年来，我国大力推进生态文明建设，生态环境保护和生活垃圾管理得到前所未有的重视和推动。党的十九大报告中明确指出："建设生态文明是中华民族永续发展的千年大计。必须树立和践行绿水青山就是金山银山的理念，坚持节约资源和保护环境的基本国策"；"构建政府为主导、企业为主体、社会组织和公众共同参与的环境治理体系。"

我国城市生活垃圾分类始于 20 世纪 90 年代。2000 年建设部确定北京、上海、广州等 8 个城市作为生活垃圾分类收集试点城市；2011 年，《国务院批转住房和城乡建设部等部门关于进一步加强城市生活垃圾处理工作意见的通知》确定了固体废物处理的"减量化、资源化、无害化"原则；2017 年，《生活垃圾分类制度实施方案》提出 2020 年年底前在直辖市、省会城市、计划单列市以及住房和城乡建设部等部门确定的第一批生活垃圾分类示范城市的城区范围内先行实施生活垃圾强制分类；2019 年，《住房和城乡建设部等部门关于在全国地级及以上城市全面开展生活垃圾分类工作的通知》提出，自 2019 年起，在全国地级及以上城市要全面启动生活垃圾分类工作，到 2025 年，全国地级及以上城市基本建成垃圾分类处理系统。2019 年上海市正式颁布《上海市生活垃圾管理条例》，开始强制垃圾分类。北京市于 2020 年 5 月 1 日正式实施《北京生活垃圾管理条例》，2019 年制定了《北京市生活垃圾分类工作行动方案》及 4 个配套实施办法，出台了生活垃圾源头总量控制计划，以及对党政机关、企业事业单位等的垃圾分类实施细则，生活垃圾管理走上了法治化的轨道。随着上海、北京率先对垃圾分类管理立法，各省（区、市）也相继出台了垃圾分类管理有关法规。

近年来，生活垃圾管理领域国家出台相关法规如表 1.1 所示。

表 1.1　国家近年来有关生活垃圾分类管理相关法规文件

时间	发布部门	法规、通知
2017 年 3 月	国务院办公厅	《国务院办公厅关于转发国家发展改革委　住房和城乡建设部生活垃圾分类制度实施方案的通知》
2017 年 12 月	住房和城乡建设部	《住房和城乡建设部关于加快推进部分重点城市生活垃圾分类工作的通知》
2018 年 1 月	教育部办公厅等六部门	《教育部办公厅等六部门关于在学校推进生活垃圾分类管理工作的通知》
2018 年 6 月	住房和城乡建设部	《城市生活垃圾分类工作考核暂行办法》
2018 年 7 月	生态环境部办公厅	《关于公开征求〈中华人民共和国固体废物污染环境防治法（修订草案）（征求意见稿）〉意见的通知》
2019 年 4 月	住房和城乡建设部等部门	《住房和城乡建设部等部门关于在全国地级及以上城市全面开展生活垃圾分类工作的通知》
2019 年 11 月	住房和城乡建设部	《生活垃圾分类标志》
2020 年 3 月	中共中央办公厅、国务院办公厅	《关于构建现代环境治理体系的指导意见》
2020 年 7 月	国家发展改革委、住房和城乡建设部、生态环境部	《关于印发〈城镇生活垃圾分类和处理设施补短板强弱项实施方案〉的通知》

2. 国内外关于物质流过程系统垃圾减量化管理的相关研究

可持续垃圾管理早已成为城市生活垃圾管理研究的主流和热点，积累了日益丰富强大的技术经济手段和法规管理体系。然而，国内外垃圾管理方面的研究，能够将研究范畴拓展到物质流全过程，着眼于全过程系统垃圾减量优化管理的研究仍较为欠缺，相关理论体系尚不完善。

（1）国外垃圾减量和垃圾管理的有关研究

城市生活垃圾管理早期表现为因物质资源匮乏而自发回收利用可回收物；19世纪30年代因流行性传染病引发了以保障公共卫生为核心的新兴工业化城市固体废弃物收集处理；20世纪70年代后，生活垃圾以污染性废弃物的属性形成了固化的认知，基于环境保护的垃圾处理处置技术方法及经济分析开始多见于国际学术期刊。James G. Abert 和 S. L. Blum 分别在 *Science* 上发表文章指出，20世纪70年代采取的城市垃圾填埋和焚烧的方式应寻求替代方案，进行垃圾分类和可用资源回收，并作了成本收益分析。20世纪90年代至21世纪，德、日、欧、美等国家和地区率先实现从废物"污染属性"到"资源属性"的理念转变，垃圾管理从无害化处理转向以分类减量和资源化为重心，强调避免产生优先的等级原则。A.H. Igoni 等认为生活垃圾焚烧对环境是有害的，回收物质和能源进行垃圾减量，可以减少环境影响、能源消耗和处理成本；21世纪中后期，随着"从摇篮到摇篮"（Cradle to Cradle）的循环经济和物质流管理（MFM）理论的发展，运用物质流代谢、生命周期评价（LCA）理论等研究垃圾管理成为焦点。Seadon 指出，综合废物管理是将多种废物整合在同一媒介中处理，同时也需在多种媒介中采用多种措施、协同各类主体收集和处理废物；耿涌指出，综合废物管理要求我们采用一种系统化的、能够评价整体资源利用情况的方法，来寻求不同层次的废物减量、再利用、再循环的机会。Swee Siong Kuik 运用过程模型，提出基于"6R"[减量化（Reduce）、再利用（Reuse）、再循环（Recycle）、再修复（Recover）、再设计（Redesign）、再制造（Remanufacture）]

原则的可持续供应链协作生产模式，以提高资源利用率，达到减少垃圾产生量的目的；Jinhui LI 等指出优化的垃圾资源管理是综合了社会、经济、环境、技术多方面因素，各类主体参与协作的最佳垃圾减量管理模式。Hassan A. Arafat 运用生命周期评估垃圾管理案例并指出，优化的综合废物管理具有较高的综合效益。Atousa Soltani 等基于博弈理论提出了城市可持续垃圾处理的决策框架，指出目前这种混合收集处理、填埋、焚烧的处理方式，给处理过程增加了负担，过多占用处理资源，同时未能充分利用垃圾中的可回收物。减量化、资源化能够以相对较少的投资得到较高的回报。Fan-Hua Kung 等构建了绿色价值链模型，分析企业通过绿色价值链管理，提高环境绩效，形成环保商业模式的途径。Richard Cardinali 指出废物管理和回收减量是长期努力方向，提出研发计算机城市垃圾决策支持系统（DST）使之具有对垃圾产生、收运、成本收益、政策效果进行分析、评估等管理功能。David B. Grant 等用流程分析和访谈等方法对富士胶片公司设计闭环供应链系统进行了案例研究。

另外，国外垃圾减量化研究还表现在对垃圾治理出路的思考，包括垃圾焚烧的邻避效应、立法对垃圾减量效果的影响、政府或者公众参与在促进垃圾减量方面的重要作用等。例如，D. S. Khetriwal 等指出立法可以分清政府、企业、居民对于减量的权责；A. Lombrano 认为对生产者收费有必要对资源回收者进行财政补贴以促进废物循环利用；A. J. Morrissey 等分析指出垃圾管理模式是经济和有效的，需要将社会因素和个人因素纳入管理决策体系。

综上所述，垃圾资源管理领域的学术研究随着对垃圾属性的认知和科学范式的变迁而不断演进；提出要推动固体废物的最佳可持续管理的理念，即实现垃圾的全过程、多层面、多媒介的协同管理，从而实现减量化、系统化、循环化管理的目标。但目前尚未形成完整的理论体系，尤其是产业链和绿色供应链视角下的资源减量模式，其尚未和垃圾资源减量和资源化管理有机衔接并形成整体、系统的理论体系。生活垃圾管理具有较强的外部性，推行最大化源头减量及垃圾分类下的强制回收是垃圾可持续管理的必由之路和迫切需求。

（2）国内垃圾减量相关研究

虽然资源减量化优先早已成为垃圾管理的理念，但国内学术界关于垃圾管理的研究尚缺乏基于物质流全过程的资源减量化理论体系，而且其垃圾管理思想、实践当中系统的资源减量理念较弱。

现有垃圾管理相关研究和实践侧重对已产生的垃圾进行分类回收、填埋处理前体积压缩，或者改变处理方式，如采取焚烧等方式减少垃圾的处理量和体积；很多文献提出的源头控制和全过程减量的理念，也多指居民和单位在排放垃圾时采取分类回收等方式进行减量。代表性研究包括：熊孟清等对垃圾处理产业的概念、处理对象、产品和衍生品，以及产业系统构成和处理过程从理论上较完整地进行了定义及阐述。熊孟清指出：垃圾处理产业涉及从"源头"到"末端"全过程的垃圾处理，不仅包括现有垃圾的处理，还包括源头垃圾性质和产量的控制。李真刚等提出城市垃圾的复杂性决定了垃圾需协同治理，把城市垃圾产生、排放、收集、运输、综合利用和处理等环节纳入管理范围，进行全过程管理，以及将城市垃圾涉及的领域（如经济部门）有机地整合在一起，进行系统管理。许崴指出我国在战略上并没有明确垃圾资源化的产业内涵，再生资源产业过度依赖传统产业发展模式，缺乏有效的产业政策与市场调控手段。

总之，目前我国生活垃圾减量化管理研究集中在：基于中外垃圾回收处理模式的对比，借鉴国外立法和公共政策制定的经验，研究垃圾分类回收处理的制度政策体系；基于行为主体分析法，从政府、企业、居民等不同社会主体的责任分配入手，探讨回收利用责任、流程及其体系机制的构建；以经济学的相关理论模型为基础，提出经济政策方面的建议；垃圾处理技术和处理结构研究；再生资源产业理论和发展的研究等。虽然很多文献通过对比分析发达国家垃圾处理经验提出了对策建议，但适应我国城市垃圾管理实际的相关政策和制度体系还需进一步研究并完善。

总体上，我国在系统垃圾减量模式研究方面存在系统范畴相对片面和不够完整的问题，多数研究将垃圾减量定位于"垃圾"本身，造成垃圾管理研究和实践长期局限于末端，未能延伸到在物质变成为垃圾之前整个资源链的源头及全过程，即贯穿于产品设计、原材料选择、生产、分销、消费、废弃的物质流过程的系统减量，缺少生产领域基于供应链和垃圾处理全过程的资源循环生命周期的减量化的理论，针对垃圾产生源头及其主体的减量，即"预防废物产生"环节薄弱，没有将垃圾产生端减量与上游生产、消费环节的全过程减量控制有机衔接。

本研究重新界定垃圾减量化系统及其相关概念，从绿色供应链的角度，结合"6R"原则下的生命周期垃圾减量分析，对城市生活垃圾主要成分进行系统过程管理和行为功能分析，提出全过程减量管理模式并进行机制设计，由此归纳基于绿色供应链的城市垃圾减量化管理模式理论框架，是对国内以往的垃圾管理研究的一个创新，目的是为实现系统过程管理和废物减量提供科学依据和实现路径。

（3）开展物质流过程系统垃圾减量模式体系的研究具有理论和现实意义

国内外生活垃圾减量管理领域的研究范式从污染防治、垃圾处理，到源头减量化，进入了可持续最佳废物管理的阶段，但具体深入基于物质流和供应链过程的垃圾减量研究和相关实证还很少。国内研究更关注末端垃圾分类管理，在管理实践中生活垃圾末端分类回收的体系和机制尚不完善，因此，研究物质流系统过程垃圾减量管理对于目前我国高度重视的垃圾管理和资源环境问题来说比较重要，具有一定的理论和实际应用意义。

（五）物质流过程垃圾减量模式研究的基本理论和成果

物质流过程垃圾减量研究需要重新界定系统范畴，主要为了体现将原来以废物末端治理为主的方式转变为源头节约优先、全过程管理的物质流生命周期资源减量化管理的模式。

1. 物质流过程系统减物质化体系的研究思路和创新之处

（1）研究思路

重新界定垃圾减量系统研究范畴，需将垃圾管理的源头前置，采用减物质化目标下的逆向分析法，按照物质流系统过程不同的阶段，将系统划分成绿色供应链产业协作系统和垃圾减量处理产业系统两个子系统，进行物质流生命周期系统减物质化集成，研究物质流过程垃圾减量的理论、模式和路径，提出相关概念及理论框架，构建垃圾减量系统指标体系；并基于此，选取北京城市生活垃圾成分中占比较大的厨余垃圾（占垃圾总量的 50%～70%）、纸制品垃圾（占 14%～20%，且呈上升趋势）、塑料包装垃圾（占 11%～13%）作为一般生活垃圾的实证分析案例，这些垃圾占垃圾总量的 70%～90%，是生活垃圾的主要组分，具有重要的分析意义。按照所构建的理论框架建立了指标体系，并分别针对绿色供应链生产系统集成垃圾减量模式和垃圾处理产业减量模式两部分研究，然后将这两部

分进行集成；进而，分别从战略层、战术层和执行层进行管理体系
分析，从物质流过程系统废物减量管理的角度，进行绿色供应链功
能分析，研究以"6R"原则为核心的废物减量过程、环节和内容，
提出城市垃圾减量模式、管理体系、组织构架及机制改进的建议。
由于调查和数据可得性所限，本书的研究范畴限于从消费阶段开始
的生活垃圾减量系统。研究的技术路线如图 1.6 所示。

（2）创新之处

从物质流过程系统的视角、绿色供应链的思想出发，提出把"6R"
原则贯穿物质流生命周期过程进行垃圾减量分析，结合对主要生活
垃圾组分进行案例分析，提出物质流过程垃圾减量管理模式和机制
设计，并由此提出基于绿色供应链生命周期分析的城市生活垃圾减
量管理模式理论框架。

本书从管理与行为协同角度研究物质流生命周期过程垃圾减量
问题，以北京市作为实证案例，从宏观和微观角度研究垃圾减量管
理和行为现状。在微观层面上，本书以消费—垃圾产生—分类—处
理过程为研究重点，构建了以物质流过程各环节的宏观管理、基础
设施，以及微观主体感知和行为等影响因素构成的垃圾减量分析和
管理框架模型，提出并定义了行为主体对垃圾减量管理的绿色感知
强度指数和减量行为绿色强度指数，探究了管理—主体感知—行为
转化规律。本书在宏观层面上，构建基于物质流生命周期思想的战
略层、战术层、执行层垃圾减量分析框架，定义垃圾减量管理流系
统，梳理管理清单并对清单进行系统缺口识别，根据管理流系统缺
口构建垃圾减量管理矩阵。

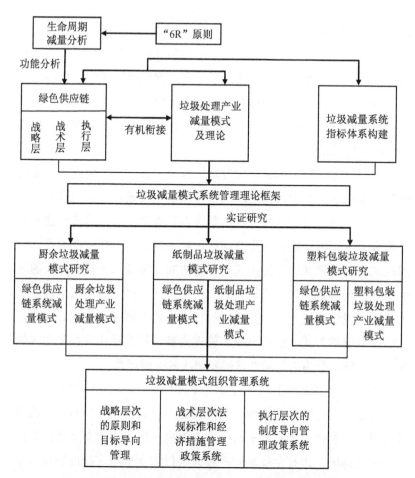

图 1.6 基于绿色供应链生命周期分析的城市垃圾减量化管理模式技术路线

2. 物质流过程生活垃圾减量模式研究的主要理论和成果

本书基于绿色供应链生命周期过程管理思想，围绕物质流过程垃圾减量管理宗旨，体现避免产生优先、全过程管理和资源循环的原则，研究城市生活垃圾物质流过程减量模式及相应管理体系，获得以下主要成果。

第一，本书基于绿色供应链生命周期过程管理思想，构建物质流过程垃圾减量理论框架，提出了垃圾过程减量管理的系统构成及运行原理，即垃圾减量和资源化系统、垃圾减量管理驱动系统、垃圾减量处理产业系统、垃圾减量处理市场系统 4 个子系统共同构成了垃圾过程减量运行系统。

本书阐述了物质流过程垃圾减量管理的技术经济要素、关键问题和基本要求。其中，包括垃圾管理顶层制度设计，过程管理体系和机制、市场建设和责任分担机制作为重要的垃圾减量管理技术经济要素缺一不可；物质流生命周期垃圾减量模式包括生产模式、管理模式、消费模式、行为模式的多维协同，并非只是管理模式的转变，更重要的是通过对管理模式的优化提升，借鉴绿色供应链运行方式，实现生产模式、消费模式和行为模式的转变全方位。因此，生活垃圾管理方式、管理系统、管理内容、管理措施与微观主体的生产、消费、行为的协同性是需要解决的关键问题。

第二，本书提出了基于物质流过程的生活垃圾减物质化分析模型，通过建立包括宏观管理、基础设施、微观行为等要素构成的指标体系，研究外部影响因素与微观主体内在影响因素交互作用对公众行为的影响，进行主体感知—行为缺口识别分析，提出长期以来制约垃圾减量化模式形成的深层次问题，即垃圾减量管理与相关主题（管理对象）的行为响应不够协同的问题，这也是环境保护面临的共性问题之一；研究也得出垃圾减量系统是消费、行为、管理模式协同联动的有机整体等若干结论。

第三，本书试图构建横向贯穿生产、储运分销、消费、回收处理 4 个环节的物质流过程，纵向贯通战略层、战术层、执行层 3 个层次宏观管理系统，构成纵横连通的研究框架。并提出系统管理流概念，梳理垃圾减量管理清单并分别识别资源减量管理系统在纵向系统和横向系统过程中存在的缺口；同时将垃圾减量管理的缺口与城市主体垃圾管理—认知—行为缺口对照分析，研究其互动规律，采用政策矩阵法构建一个横向为物质流过程向量，纵向为强制、激励、公众参与三类管理向量构成的垃圾减量管理矩阵。构建了物质流过程垃圾减量系统分析模型。

第四，选取生活垃圾中占比较大的组分：厨余垃圾、废纸制品和废塑料包装，用基于物质流过程的垃圾减量分析模型，分别进行了实证研究。

二、生活垃圾管理相关理论基础和理论框架

（一）生活垃圾管理相关理论基础

生活垃圾的本质是物质资源在其经济生活消费过程之后的形态，是物质资源经过生产、消费，进入废弃阶段的物质。传统观念中，经过消费使用之后产品便失去了其原有的使用功能和价值，就成为废物。生活垃圾的产生和排放具有广泛性、分散性、混杂性、无主性、持续性等特性，即只要有人类生存的地方，就会持续不断地有生活垃圾产生。生活垃圾广泛分布在人类社会的任何角落，使其收集、分类和处理具有较高的成本和较大的难度。垃圾成分与人类的生活、消费方式，消费结构和偏好以及消费水平相关。

废物实际上只是资源的另一种形态，换另一种特定条件就可能成为宝贵资源——所谓"废物即是资源的理念"。生活垃圾作为生活消费产生的废弃物，当被废弃之后就失去了产权归属，成为无主的社会垃圾，其处理回收的成本及责任由社会承担，就具有了公共物品或者准公共物品的非排他和非竞争性特征，因此具有较大的负外部性。

生活垃圾管理是典型的公共管理问题，相关领域文献研究表明，随着人类对其属性的认知变化和科学研究范式的演进，经历了"环

境卫生治理→生活垃圾污染防治→生活垃圾分类回收资源化→避免产生优先，减量化、资源化、无害化→最佳垃圾管理→物质流生命周期垃圾减量管理"的发展历程。生活垃圾管理涉及的主要基础理论如下所述。

1. 外部性理论

外部性是经济学术语，一般认为，新古典经济学的完成者马歇尔（Marshall，1890）首次提出，也称外部成本、外部效应（externality）或溢出效应（spillover effect）。外部性可以分为正外部性（或称外部经济、正外部经济效应）和负外部性（或称外部不经济、负外部经济效应）。外部经济就是一些人的生产或消费使另一些人受益而又无法向后者收费的现象；外部不经济就是一些人的生产或消费使另一些人权益受损而前者无法补偿后者的现象。例如，私人花园的美景给过路的人带来美的享受，但过路的人不必付费，这样私人花园对于过路人产生了外部经济性。又如，某户居民音响的音量开得太大影响了隔壁邻居的睡眠，这户居民却不必为其造成邻居的健康损害而付费，则使用音响者给邻居带来了外部不经济效果。

生活垃圾是由生产者和消费者等一系列主体产生并排放的具有外部不经济性的物质。且生活垃圾的产生源是多元化的，分布广泛，垃圾成分复杂，生活垃圾一经产生则具有持续性和无主性，因此，生活垃圾的外部不经济性具有广泛性、交互性和持续性的特点。外部不经济性通常发生在公共物品上。对于私人物品而言，公共物品是指全体成员可以共同使用或消费的物品。公共物品具有两个基本特征：非竞争性和非排他性，也称纯公共物品。所谓非竞争性是指增加额外的消费者不会影响其他消费者的消费水平或者增加消费者的边际成本为零。消费的非排他性意味着某物品的消费不能排除其他人消费，或者排除的成本很高。公共物品的成本由政府提供，个人和企业通过提供税收部分支付使用公共物品的费用。准公共物品是指部分具备非排他性非竞争性特征的公共物品。政府提供纯公共物品，由于不需要支付成本，"搭便车"现象严重，而准公共物品具有私人物品特征，市场机制不会完全失灵。城市垃圾治理具备公共物品的非竞争性和非排他性。表现在部分没有缴费的个体同样享受到垃圾治理后的环境卫生条件，而出资治理垃圾的主体，也无法阻止其他人免费搭车、共享好处。垃圾的公共物品特征也是导致垃圾减量治理效果不佳的原因之一。

2. 物质流代谢和生命周期理论

（1）物质流代谢理论

代谢（metabolism）一词源自希腊语，它的含义是"变化或者转变"。关于代谢的论述最早见于 1857 年摩莱萧特的著作《生命的循环》（*The Circuit of Life*）。他在著作中提到：生命是一种代谢现象，是能量、物质与周围环境的交换过程。摩莱萧特之后，关于代谢理论的研究形成了两个重要的分支：其中一支向生物学中生物化学方面发展；另一支则向生态学方面发展。生物化学中的代谢不仅针对有机体与环境之间的物质能量交换进行研究，更多的是用于研究细胞、器官、有机体的物质、能量或营养转化过程。生态学家认为代谢的含义可以理解为生态系统能量转换和营养物的循环，而且与生物有机体相比，生物群体或者生态系统自组织的特点表现得更加突出，也就是说，外界环境参数对生态系统的演变具有重要的影响。因此，在认识生态系统的代谢过程时，生态学家认为不能将目光锁定于系统自身的特征参数，必须要深入了解维持系统稳定的环境因素对代谢过程的影响。

经济系统并不是孤立的，它通过物质流和能量流与自然生态系统连接起来。循环经济分析主要是从物质流角度将循环经济的理念具体化，从微观层次关注经济系统的物质流动、能量流动与资源环境问题的关系，探讨如何按照自然生态系统的物质闭路循环和能量流动规律来重构现有的经济系统，以使经济系统能被"和谐"地纳入生态经济大系统。

物质流代谢分析是以有效降低物质资源消耗，提高其利用效率、减少废物产生为目的，针对一个系统（如产品、经济、社会等）的物质和能量输入、迁移、转化、输出进行定量化的分析和评价的一种分析方法。物质流代谢分析法可以对特定时空下的物质存量、流量、流向等进行定性、定量分析描述、评价，揭示物质在特定区域的流动特性和转化率，因此物质流代谢分析在循环经济、资源环境管理等领域有广泛的应用，其中在循环经济领域中的应用最多。

（2）生命周期理论

目前，生命周期（life cycle）理论和方法有广泛应用。可以将生命周期简单解释为某个事物从产生到灭亡的整个过程。生命周期理论是以系统的思想将产品、企业或产业等不同领域在其生产或存在的整个过程周期作为一个整体的系统，研究其整个生命周期的物质流动（包括流向、流量），以及物质投入产出的效率、系统完善度、对外界环境的影响等。

基于环境影响的生命周期分析是在事物整个生命周期中尽可能地减少产品生产和消费过程中的污染排放或资源消耗。生命周期分析法是对贯穿产品、企业、产业生命周期的全过程从原材料获取、生产、使用直至最终处置的环境影响及其潜在影响的研究，能对其所从事活动全过程的资源消耗和造成的环境影响有一个全面、综合的评价。

生活垃圾可持续管理适用于生命周期理论的思想，就是把生活垃圾管理及其"减量化、资源化、无害化"的理念贯穿到物质流生命周期过程当中进行管理和各相关主体行为方式的协调和优化，以达到最有效的垃圾管理。

（3）绿色供应链理论

供应链理论。早期供应链理论属于物流管理范畴，Stevens 认为，供应链是通过价值增值过程和分销渠道控制从供应商的供应商到用户的用户的整个过程，它始于供应的源点，终于消费的终点。Christopher 认为，供应链是一个组织网络，所涉及的组织从上游到下游，在不同的过程和活动中对交付给最终用户的产品或服务产生价值。蓝伯雄认为，供应链是原材料供应商、零部件供应商、生产商、分销商、零售商、运输商等一系列企业组成的价值增值链。董安邦认为，供应链是包括原材料采购、运输、加工制造直到送达顾客手中的一系列增值活动构成的网链结构，其中，物质流、资金流和信息流等贯穿于供应链全过程。

随着信息化和产业化发展，供应链由线性的单链转为复杂网链，供应链概念注重梳理重点企业的网链关系，即重点企业与供应商，供应商与用户，供应商与供应商的一切关系。供应链概念从运用工具上升为管理方法体系和运营管理思维。目前学术界将供应链定义为，消费前端的，尤其是消费者尚未获得消费品之前的相关者连接或业务衔接，即通过采购原材料、中间环节最终到消费者手中的过程，围绕重点企业，通过对物流、信息流和资金流控制，达到供应链整体降低成本、提升绩效等目标。该过程将供应商、分销商、制造商直到用户连成一个整体的网链结构，通过供应链网系统的关联性实现系统的目标和功能。

供应链作为一个系统成为一种管理模式，是因为其具有独到的先进性，具备 8 个重要原理：

①资源横向集成原理是供应链管理最基本的原理之一。在当前全球经济一体化发展格局下，企业由传统的基于纵向思维的管理模式，朝着新型的基于横向思维的管理模式转变。横向集成外部相关企业的资源，形成"强强联合，优势互补"的战略联盟，结成利益共同体去参与市场竞争，以实现既提高服务质量又能够降低成本、既能够快速响应顾客需求也能够给予顾客更多选择的目的。

②系统原理。供应链作为一个复杂的大系统，通过供应链合作伙伴间的功能集成，体现其整体功能，提升了供应链的整体的综合竞争能力，这种综合竞争能力是任何一个单独的供应链成员企业都不具有的。

③多赢互惠原理。供应链是相关企业为了适应新的竞争环境而组成的一个利益共同体，其密切合作是建立在共同利益的基础上，供应链各成员企业之间是通过一种协商机制，来谋求一种多赢互惠的目标。

④合作共享原理。供应链上的企业密切合作，充分发挥各自独特的竞争优势，从而提高供应链系统整体的竞争能力。供应链合作关系意味着管理思想与方法的共享、资源的共享、市场机会的共享、信息的共享、先进技术的共享以及风险的共担。供应链系统的协调运行是建立在各个节点企业高质量的信息传递与共享基础上的，信息技术的应用有效地推动了供应链管理的发展，提高了供应链的运行效率。

⑤需求驱动原理。供应链的形成、存在和重构，是基于一定的市场需求，在供应链的运作过程中，用户的需求是供应链中各节点企业协调运作的驱动源。在供应链管理模式下，供应链的运作是以

逐级驱动的订单驱动模式，使供应链系统得以准时响应用户的需求，从而降低了库存成本，提高了物流的速度和库存周转率。

⑥快速响应原理。供应链管理强调准时，即准时采购、准时生产、准时配送，强调供应商的选择应少而精等，均体现了快速响应用户需求的思想。

⑦同步运作原理。供应链是由不同企业组成的功能网络，其成员企业之间的合作关系存在多种类型，供应链系统的运行效果取决于和谐而协调的系统是否能发挥最佳的效能。

⑧动态重构原理。供应链是动态的、可重构的。市场机遇、合作伙伴选择、核心资源集成、业务流程重组以及敏捷性等是供应链动态重构的主要因素。从发展趋势来看，组建基于供应链的虚拟企业将是供应链动态快速重构的一种表现形式。

随着市场经济的发展，企业竞争更多体现在供应链的竞争，但传统供应链整体目标缺乏对于生态环境的考虑。考虑对环境的影响，在20世纪90年代提出了绿色供应链概念，并成为研究热点。

美国国家科学基金支持密歇根州立大学研究"环境负责制造"，密歇根州立大学的制造研究协会于1996年最早提出了"绿色供应链"的概念，也称为环境意识供应链或者环境供应链，这是一种从整个供应链角度出发的现代管理模式，这种管理模式在管理的过程中综合考虑了环境影响和资源效率等因素。绿色供应链以绿色制造理论和供应链管理技术为基础，涉及供应商、生产商、销售商与消费者，目的是使产品在原料获取、包装、仓储、运输到报废处理整个过程的环境负外部性最小，资源利用率最高。Zsidisin 将环保理念植入企业的产品开发、设计、采购、制造、仓储、销售等各环节，并且在企业制订运营战略时也特别注重环保意识，由此衍生出绿色开发、绿色设计、绿色制造、绿色营销等一系列理念。Narasimhan 和 Carter

在绿色供应链研究中突出了研发和采购的功能作用，提出绿色采购是决定绿色供应链成功的关键因素。但我们也应该认识到，绿色采购行为是供应链上所有因素的总和，而不只是采购或研发的行为。徐学军等在 2008 年指出，绿色供应链管理的目的是实现供应链资源最优配置，使供应链与环境相容，促进社会和企业的可持续发展。刘彬等分析了绿色供应链管理所包含的具体内容，主要包括绿色设计、绿色包装、绿色采购、绿色生产、绿色营销以及逆向物流等。Diane Mollenkopf 等将绿色供应链界定为对自然环境和企业负面效应最小的供应链，并研究了绿色供应链、精益供应链和全球供应链的关系，为管理者构建更具有竞争力的供应链系统提供了依据。顾志斌、钱燕云详细阐述了绿色供应链的定义与内涵、运作管理、绩效评价和行业实证的研究现况和进展，把环保意识融入供应链各个环节，是减少环境污染，优化资源利用，增进社会福利的一种先进管理模式。

随着环保理念融入管理领域，人们创造了一些诸如资源回报率、废物率等绿色供应链的经营指标。绿色供应链管理是实现可持续发展目标的重要手段，其所追求的是环境与经济的可持续发展，要达到这样的目标需要构建绿色供应链体系，首先要考虑其影响因素（包括驱动因素和阻碍因素）。驱动因素包括提高企业供应链效益、增加客户价值、提升企业绿色形象、规避绿色技术贸易壁垒；障碍因素来自 5 个方面：财务负效应、企业间缺乏信任、技术知识欠缺、环境标准和税费制度不完备、企业文化不同。

近年来，我国提倡生态文明建设，如何为供应链增添"绿色"以解决环境问题需要理论构建。当生活垃圾最优管理思想应用于资源生命周期及供应链系统及物质流全过程，全过程贯彻废弃物的减量化、资源化和无害化原则时，才真正将绿色、循环低碳发展的理念贯穿到生产、消费过程，推动生产和消费方式绿色转型。通过将物质流生命周期过程构成的供应链网的各个环节和系统整体都纳入垃圾减量、循环和无害化的最优管理系统，进行系统构建—系统优化—系统转型—系统管理，以实现最佳的物质流过程垃圾减量管理的目标，是生态文明建设理论的有机组成部分，也是我们探讨建设的重要内容。

（4）脱钩理论

经济合作与发展组织（OECD）最早对脱钩进行了定义，OECD的报告《Indicators to Measure Decoupling of Environmental Pressares from Economic Growth》把脱钩定义为经济增长与环境冲击耦合（Coupling）关系的破裂，并把脱钩分为绝对脱钩（absolute decoupling）和相对脱钩（relative decoupling）。绝对脱钩是指在经济发展的同时与之相关的环境压力保持稳定或下降的现象，而相对脱钩则为经济增长率和环境压力的变化率都为正值，但环境变量的变化率小于经济增长率的情形。

由脱钩理论拓展到弹性分析法的应用，利用经济学中弹性分析的方法来测度脱钩程度，是 Tapio 研究交通与 GDP 脱钩的分析中提出来的测度方法，对 Veham 等的脱钩分析判断准则进行改进：①用弹性（%ΔMSW/%ΔGDP）替代 Δ（MSW/GDP）；②为避免轻微变化过度解释"overinterpret"问题，因此将弹性值为 1 处上下浮动 20%的区间仍然看作耦合（coupling），划分出衰退性耦合（recessive coupling）和扩张性耦合（ex-pansive coupling）区间。弹性分析法及其指标说明如图 2.1 所示。

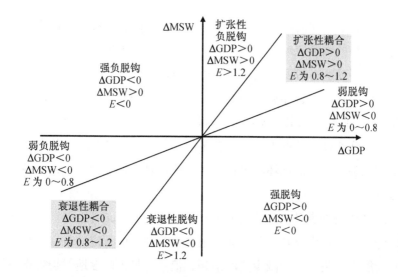

图 2.1　弹性分析法指标说明

3. 循环发展与循环经济

循环发展是以循环经济为核心的发展理念、发展目标、发展规划、发展体制机制和发展模式的总和。

循环经济是美国经济学家肯尼斯·鲍尔丁于 1962 年通过在经济视角下研究环境问题的根源而提出来的，也被称为"宇宙飞船理论"，该理论为 20 世纪 70 年代资源与环境的研究打下基础。20 世纪 90 年代，联合国环境与发展大会通过了《里约环境与发展宣言》和《21 世纪议程》，生产方式的可持续性得到空前重视。20 世纪 90 年代，德国和日本开始推进循环经济在其国内的发展，通过修改垃圾处理相关法规，将原来的无害化处理为主的垃圾管理思想转变为避免产生优先的减量化、资源化、无害化处理的原则，随后其他欧美国家（地区）纷纷效仿，开展了循环经济在垃圾管理领域的具体实践。

相较于单向的传统经济"生产—消费—排放"的线性经济模式，循环经济的物质流动为"生产—消费—产品—再生资源"闭路循环型模式，使所有资源得到充分、有效利用、循环利用的一种经济模式，以"3R"（减量化、再利用、资源化）为其原则，以低消耗、高利用、低排放为其基本特征，这是使"大废弃、大生产、大消费"的传统增长模式从根本上发生变革的一种新型经济模式，使自然系统和经济系统和谐循环，维护生态平衡，是一种可持续性的新经济形态。

循环经济遵循"3R"原则：①减量化（reduce）原则。为循环经济首要和优先原则，争取花费最少的资源完成既定的目标。这一原则能在源头上大幅减少资源消耗、浪费，最大限度地保护生态系统、维护经济可持续性。②再使用（reuse）原则。生产者应力争其产品及其附属包装物能够被多次使用。生产者在产品设计和生产中，应尽可能追求产品的经久耐用和循环利用。③循环经济再循环（recycle）原则。这一原则要求产品以及在生产产品过程中产生的废料可以被循环利用。

我国对循环经济高度重视，2009年正式实施的《中华人民共和国循环经济促进法》规定循环经济为"在生产、流通和消费等过程中进行的减量化、再利用、资源化活动总称。"本质上循环经济是生态经济，是以资源减量化和回收利用为核心的经济发展模式，以资源化和循环利用为目标，力图实现污染近零排放和资源高效利用。

（二）生活垃圾管理层面的物质流过程资源减量管理相关理论

1. 基于绿色供应链过程垃圾减量管理的相关理论

（1）物质流过程与绿色供应链系统

物质流过程是指经济系统内物质资源从自然界投入经济系统，经过生产、消费、废弃、回收和加入再循环及废物处理的整个流动过程。一般把这个物质流过程作为物质流系统，多用于分析物质流动的路径、流向和流量，研究物质在一定区域的经济系统内的代谢情况；绿色供应链则考虑了整个供应链的可持续性，也指环境友好的供应链系统。

供应链系统和物质流系统的视角不同，系统范畴也不同。物质流系统是客观分析描述物质资源沿着经济运行的通路流动的状态和特征，而供应链系统则体现了物质流过程中流经的各个环节及其承载和利用资源的经济主体之间的关联性特征，隐含着供应链网所包含的经济体系和动力机制。因此，供应链一般指消费前端过程，是经济利益驱动下的经济主体的协作关系。当商品进入消费到废弃的后期过程，通常被认为经济过程已经完成，但同时常常具有较明显的外部不经济性。物质流过程包含供应链系统和废物资源系统的整个物质流生命周期的两个过程。

（2）"6R"原则

"6R"原则是在循环经济"3R"原则基础上的拓展，包含更加丰富的内容，即资源减量化（reduce）、产品和工艺再设计（redesign）、再修复（renovate）、再利用（reuse）、再制造（remanufacture）、再循环（recycle）的原则。遵循"6R"原则形成闭路循环的、资源减量高效的生产、消费和回收循环系统，"6R"原则作为核心原则须贯穿经济过程的物质流生命周期，是面向垃圾减量的物质流系统全方位和全过程都要遵循的原则。

（3）生活垃圾减量管理物质流系统

我们所研究的生活垃圾减量管理系统，是基于物质流生命周期过程的、遵循垃圾减量"6R"原则的生产、消费、行为管理系统，包含绿色供应链产业系统和垃圾管理系统两部分的系统整合。

2. 减物质化的物质流系统界定

（1）减物质化的物质流过程垃圾管理体系

该系统指以物质流生命周期系统管理的视角，将垃圾管理从传统的末端无害化处理为主的模式转变为避免产生优先、全过程减量及尽可能回收循环利用的垃圾减量物质管理模式，从理论概念、系统范畴、管理体系方面加以拓展和构建。科学的垃圾减量系统贯穿物质流的生命周期：从产品设计、原材料的选择、采购、加工、包装、仓储、运输、消费使用到回收利用的整个过程中，按照系统协同优化思想，以"6R"原则为指引，最大限度地实现资源减量化，达到全过程资源利用效率提高的目的。

（2）物质流过程垃圾减量系统

从系统分析的视角，物质流过程垃圾减量系统由3个相互依存、相互衔接、相互作用的子系统组成：绿色供应链协作生产系统、垃圾管理系统和组织管理系统。其中，绿色供应链协作系统和垃圾管理系统以消费为分界点，消费之前为供应链协作生产系统，可以通过基于绿色供应链过程的资源减量体系构建达成前端垃圾减量的目的；消费及其之后的过程为垃圾管理系统，通过垃圾减量管理及机制建设，转变各个主体行为模式，即通过思想认识、管理、消费和行为的绿色转型，达到垃圾过程减量和资源循环的目标；组织管理系统是针对物质流过程的管理体系重新构建，是一种全过程、多元化、全方位的系统管理体系和管理模式，是立足于管理与主体行为高效协同的管理模式。

基于物质流过程生活垃圾减量管理体系整合了三大系统，按照系统协同优化原则，研究 3 个系统在 "6R" 减量原则下实现物质资源过程减量的管理模式，垃圾减量化系统管理系统流程如图 2.2 所示。

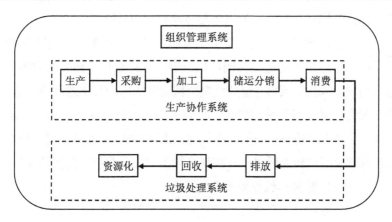

图 2.2　物质流过程垃圾减量化管理系统流程

3. 基于绿色供应链管理的生产协作系统

供应链作为一种先进的现代管理方式，为系统的环境管理提供了合理路径。通过供应链系统内部成员企业间的协同能提高供应链的环境绩效。因此，将资源减量化问题放到绿色供应链的系统范畴内进行研究具有理论和现实意义。

（1）绿色供应链的运行机理

绿色供应链是一个由供应链企业、消费者、政府等多个参与主体组成的复杂系统，其实施是供应链上的各个企业在内部因素（经济效益、社会效益、企业间协同）和外部因素（消费者绿色需求、政府管制、竞争驱动）的共同影响下协调配合、共同推进的过程。

基于复杂系统管理思想，我们将绿色供应链生产协作系统分为4个子系统，分别是生产、消费、环境和社会子系统。其中，生产系统是指从资源投入产品生产的整个过程；消费系统则包含消费者的中间和最终消费环节；环境系统包括资源供给、减量节约及废物回收；社会系统具有实现行为主体与环境相容的目标性。

从绿色供应链的结构框架可以看出，其与传统供应链的开环结构不同，绿色供应链是一种闭环供应链，这种结构有利于供应链在追求利润最大化的同时，做到使整个供应链的活动与生态环境相容，最大限度地降低对环境的影响。在复杂系统管理视角下，绿色供应链体现了四大原理——公平效率原则、共生原理、资源减量循环原理及系统开放替代转换原理，对实现可持续发展具有重要的协调作用。

绿色供应链实施机理如图 2.3 所示。

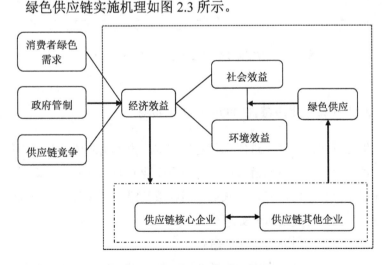

图 2.3　绿色供应链实施机理

由图 2.3 可知，绿色供应链废物减量控制机理有 3 个关键点：第一，供应链各成员均为"理性人"，都会为了最大限度地提高收益而努力，所以绿色供应链的实施需要提高链中各成员的收益。第二，核心企业在整条绿色供应链中居于主导地位，核心企业的行为对其他企业的决策具有较强的影响能力。第三，以垃圾减量为主导的绿色供应链系统需建立以拓展绿色市场为驱动，以环境规制和激励为约束和引导的绿色机制。第四，绿色供应链是一个系统整体，需要链中各节点企业在全过程实现良好协调与合作，及时有效地响应消费者需求，以及政府和竞争压力，实现经济、社会、环境的三方效益的统一。

经济效益是绿色供应链中信息流、产品和服务流、资金流运作的驱动力，其主要来自市场和消费者对绿色环境友好产品的偏好与需求。而绿色消费市场的不稳定性以及绿色供应链准公共产品的性质极易造成市场失灵，此时就需要采取措施加以干预，提高市场效率和消除外部性。同时，由于绿色产品面临的市场竞争也会导致供应链经济效益发生改变。只有当绿色消费需求以及环境竞争压力对供应链造成影响并沿供应链进行扩散，整条供应链就具有了响应绿色消费需求以及环境竞争压力的动力。

由于核心企业在供应链中占据主导地位，对供应链其他企业的决策具有决定性的影响，因此将绿色消费需求以及环境竞争压力首先传导到核心企业，而后通过核心企业将其转化为绿色供应链的内在动力，并传达给其他各节点企业，在核心企业主导下实现生产活动中各个环节的良好合作与协调，推动绿色供应链的实施，提高生态经济效益，从而达到经济与环境的良性循环，实现经济、环境与社会三方效益的完美统一。

（2）绿色供应链的基本原理

绿色供应链是一种从供应链系统整体角度出发的现代管理模式，这种管理模式综合考虑了环境影响和资源效率等因素。有学者将绿色供应链定义为"它是在自然资源的极大消耗以及自然环境生态平衡的破坏的现实下发展而来的，是把环境保护意识和可持续发展思想融入传统供应链，以达到资源利用效率最高，对环境影响最小和系统效益最优。"绿色供应链具有4个重要原理：

①绿色供应链的公平与效率原理。绿色供应链的基本哲学原理是公平与效率原理。传统的供应链是以帕累托最优为活动准则，而未涉及公平。绿色供应链则在时间和空间的维度上将环境公平引入供应链。从时间来看，绿色供应链强调的是供应链内各行为主体的活动能充分体现对资源利用的代际公平，即在绿色供应链中各行为主体在活动之前都必须考虑其活动可能会对环境造成的影响，尽量降低其活动对后代人的生存与发展造成的负面影响；从空间来看，公平性主要体现为杜绝负外部性的存在。绿色供应链要求供应链内各行为主体的活动不能对区域内或者是区域外的个人或群体的福利构成威胁。

②绿色供应链共生原理。人类经济社会与自然共生是人类发展必须遵循的基本原则，也是绿色供应链管理的根本原理之一。绿色供应链的各子系统间存在共生、共赢的关系，生产系统、环境系统与社会系统多维因素对绿色供应链的运营产生持续的影响，为了实现绿色供应链运行的经济效率、环境和资源效率提升等目标，要求绿色供应链在其运行过程中充分协调好生产、消费、环境3个子系统的关系。

③绿色供应链资源减量和循环原理。促进资源减量和物质循环是供应链提高资源效率、实现绿色转型重要路径，为了提高整个供

应链系统对环境的相容性，需要在供应链系统采用与环境相容的资源减量技术、污染预防技术、绿色制造技术和废物最小量化技术等，不断提高资源效率和循环利用率，这样有利于整个供应链系统减少其对生态环境产生的负面影响，延缓资源浩劫和环境恶化，提高环境质量。

④绿色供应链系统开放原理。绿色供应链是一种具可持续性的动态开放的系统，各节点企业之间和系统与外界之间实时进行物质、能量和信息交换。系统的开放性原理要求在绿色供应链的运行过程中，要根据外部环境的变化与系统内部的变化适时地调整协调各子系统：如改变供应链内成员的生态价值观、经营理念等，调整供应链的产品结构与消费结构，采用更加环境友好的材料、工艺，调整供应链内成员的组成以保证绿色供应链目标实现等。

（3）绿色供应链在废弃物减量方面的主要功能性体现

①绿色供应链能够体现出物质集成功能。在经济一体化发展格局下，集成外部相关资源，形成"强强联合，优势互补"的战略联盟，结成利益共同体共同参与市场竞争，提高服务质量、降低成本、快速响应顾客需求，同时，通过纳入全过程的资源减量化、资源化的可持续性理念，实现供应链物质能量横向耦合集成、纵向闭环延伸的全过程资源减量和资源循环管理模式。

②绿色供应链体现系统管理功能。绿色供应链作为一个复杂过程管理系统，通过供应链合作伙伴间的功能集成和贯穿以绿色为主题的管理思想，体现其高效率、低成本、快速响应的资源节约、物质循环、降低污染等整体功能，提升了供应链整体的绿色综合竞争力。

③绿色供应链体现多赢、协调、合作共享的功能。供应链是相关企业组成的一个利益共同体，他们之间的密切合作是建立在共同

利益和共同信念的基础上，绿色供应链中的各个主体，不仅基于共同的经济利益，还具有共同的环境保护信念，各成员企业之间通过协商机制谋求多赢互惠的目标。共同的绿色环保信念由于环境外部性特点难以在市场机制主导下自发产生。因此，建立基于绿色供应链的资源减量模式，需要采取规制和激励等多种管理手段，将环境外部成本内部化，形成绿色发展机制，从而引导供应链上各个主体达成共同绿色信念，培育绿色供应链的经济共同体。

供应链的合作关系意味着管理思想与方法的共享、资源的共享、市场机会的共享、信息的共享、先进技术的共享以及风险的共担。信息技术的应用有效地推动了供应链管理的发展，提高了供应链的运行效率。这为提高供应链经济共同体经济效率的同时提高供应链资源效率提供了更有效的路径。绿色供应链不仅能够通过显著提升资源共享机会实现资源减量，也通过多方协作发生绿色联动效应，并可通过协作提高资源和废物管理规模效应来减少资源利用和污染治理的成本，另外，现代信息技术的应用，信息共享的实现，还能为残余物和副产品资源的回收循环利用提供技术保障。

④绿色供应链具有需求驱动功能。供应链的重构、发展，是基于一定的市场需求和可持续发展要求的，用户的需求是供应链中各节点企业协调运行的驱动源，以逐级传递的订单驱动模式，使供应链系统得以迅速响应用户的需求，从而提高经济效率。绿色供应链机制的形成需要推动绿色市场建设，大力推进绿色采购、绿色消费，让客户的绿色需求形成强大的驱动力，催生绿色供应链形成。

⑤绿色供应链具有动态重构功能。供应链是动态的、可重构的。绿色供应链从绿色市场机遇的拓展、绿色合作伙伴的选择、核心资源和废物集成、业务流程重组以及敏捷性提升等方面引导供应链实现动态重构。

（4）绿色供应链的主要内容

①绿色设计。绿色设计是指在产品设计时尽可能令产品具有资源减量化、低消耗、低污染或无污染、可回收循环再利用等特征。产品设计是产品生产的首要环节，产品设计直接影响产品的性能、成本及其材料，以及使用过程和废弃后的环境性能等。在设计时不仅要考虑满足产品性能、质量、成本等因素，还要考虑资源能源的消耗以及产品生命周期对环境的影响。

②绿色材料。绿色供应链要实现产品生命周期环境友好，首先必须从源头上控制环境影响，采用绿色材料作为原材料。原材料在加工的过程中会产生各种废料，这些废料一部分被回收重新利用，另一部分会排放到自然界。因此一方面在材料的选择上不仅要考虑产品的质量和价格，还应考虑产品生产过程中产生的环境影响。另一方面材料的选择还应充分考虑资源的减量化、产品轻质化和易于再循环与再利用的能力等。

③绿色生产。绿色生产是指在产品生产以及选择生产设备和工艺流程时要尽量做到低能耗和低污染。具体来说，生产产品在选择工艺方案时要考虑对周围环境的影响，尽量做到节约能源、减少消耗、降低成本、减少污染物排放等，倡导清洁生产。

④绿色包装。绿色包装是指产品包装的绿色化，即要注意优化包装设计，融入环保理念，减少包装材料并考虑包装材料的无毒性、无污染、易于回收和循环使用等性能，在包装物的生产、使用、废弃、循环再利用全过程都尽可能节能降耗、无污染或少污染。

⑤绿色销售。绿色销售是指在销售环节强化环保意识，提升销售环节的环保效能。具体来说，企业可以采用缩短分销渠道（如采用网上直销、电商等方式），减少物流过程中的资源能源消耗和环境污染，并考虑合作商的绿色形象；在促销方式方面，考虑其经济

效益的同时应考虑生态效益。

⑥绿色回收。绿色回收是指在产品生命周期过程中及其末端对废物和副产品进行回收循环再利用。随着科技的发展和居民生活水平的提高,产品更新换代频率加快,生命周期变短,废弃物越来越多。贯穿产品生命周期全过程,尽可能对物质流过程和末端产生的副产品和废物进行分类、分离、再修复、再利用和再循环利用的过程,称为物质流全过程绿色回收。

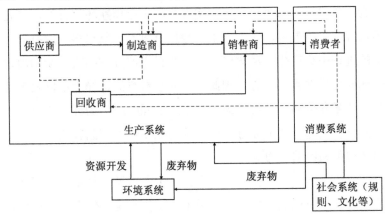

图2.4   基于绿色供应链管理的生产协作系统

(5)生产协作系统垃圾减量体系构建

①面向生活垃圾减量的绿色供应链生产协作系统。基于绿色供应链管理的垃圾减量生产协作系统,指面向终端垃圾减量目标的物质流过程管理系统,按照供应链模式进行系统资源集成、实现资源减量化管理,进行绿色转型所形成的生产协作模式。这种绿色供应链思想基础上形成的协作生产模式,具有现代供应链系统的高效、低成本和快速响应等优越性,也具有资源节约、低污染、低排放和物质循环的功能。

②面向垃圾减量的绿色供应链生产协作系统的构成。一般地，供应链系统由设计、采购和生产、加工、储运分销、消费 6 个环节流程构成。

在设计阶段，倡导绿色设计，即设计轻质化、小型化，用材料少、节能、耐用、多功能集成化，同时易于分解、回收、循环利用的产品。

在采购阶段，强调绿色采购，即对原材料的采购要优先选择无环境毒害、无污染、易降解、易回收、可再生或易于循环利用的材料。

在生产加工阶段，应该进行过程控制管理，将资源减量、残余物回收、物质闭路循环的原则贯穿生产全过程，尽可能地减少资源消耗和废弃物排放；在储运分销阶段，同样全过程减少物料损耗和节约能源，实施过程资源减量和回收管理。

在消费环节，倡导绿色消费，引导对于节能低碳、绿色环保型产品、再生产品、回收再利用产品和资源等的消费，并支持拓展相应的绿色市场。

4. 生活垃圾处理系统

（1）生活垃圾处理系统的范畴和概念

生活垃圾处理系统，是以减物质化原则为指引，由物质消费、垃圾产生、垃圾分类回收、处理等过程构成的产业及其管理系统，为消费末端的垃圾减量控制提供了一个整体视角，为研究消费行为及垃圾处理及其相关产业发展的绿色转型理论与实践提供了一个系统范畴。

生活垃圾处理系统的管理对象是物质流，管理目标是物质流过程垃圾尽可能避免产生、资源化和无害化处理；体现垃圾减量优先，提高资源效率和生态效率，最大限度地实现经济和环境双赢的思想。

（2）生活垃圾物质流过程减量管理的基本要求

生活垃圾具有分布广泛性、成分复杂性和需要协同治理等特征，过程系统管理理念则需要把生活垃圾产生、分类、回收、综合利用和处理等环节纳入管理范围进行全过程管理；实现垃圾涉及的多部门、多主体、多领域协同治理，转变原来的碎片化、割裂式管理方式，形成具有战略、战术、执行 3 个层次管理手段的，全方位、全过程的系统化管理体系，在物质流系统整个流程按照减量优先、"6R"原则的指引，达到最佳垃圾减量管理的目标。在行为绿色转型方面，通过管理措施、政策规范引导消费行为转化为减物质化的绿色行为模式，最大限度地实现源头垃圾减量和垃圾分类回收等责任义务和社会规范。

垃圾减量管理系统研究，需明确垃圾减量管理对象和内容，重新界定垃圾管理系统范畴，完善垃圾减量管理系统理论，垃圾管理产品与市场系统，完善垃圾处理产业的产品界定。

（3）生活垃圾减量产业化路径

垃圾减量产业化可包含再生资源产业与垃圾减量处理产业两部分。再生资源产业是将垃圾中分离出来的材料和可再生资源进行回收、加工生产为新的再生材料和产品的产业。垃圾减量处理产业所投入的原材料是传统意义上被定义为垃圾的残余物和废弃资源。再生资源和垃圾处理产业化需要按照市场化运营的模式，将所投入的残余物和废弃资源通过分类、清洁、回收处理、加工成为再生产品、再生材料或能源，不能够回收循环利用的残余物进行综合利用，最终的废弃物进行无害化处理。

垃圾减量处理产业的生产经营活动需要解决垃圾本身具有的准公共物品的负外部性问题，通过主体责任明晰分担，以及企业责任延伸可以明确垃圾产生、排放和处理成本的分担主体，建立制度减少或者消除垃圾的负外部性；同时，需要着手构建再生资源市场、垃圾综合利用市场，并对市场进行长期保障支持。

垃圾减量处理产业属于静脉产业，不同于传统的动脉产业，具有突出的负外部性特征，因此，垃圾产业需要有规模经济保障，应当采取适宜的扶持政策，保障和激励产业的发展。

（4）垃圾减量处理产业体系构成

垃圾减量处理产业体系包括垃圾减量和资源化管理系统、垃圾减量处理驱动系统、垃圾减量处理产业系统、垃圾减量处理市场系统4个子系统（图2.5）。其中，垃圾减量和资源化管理系统包括对

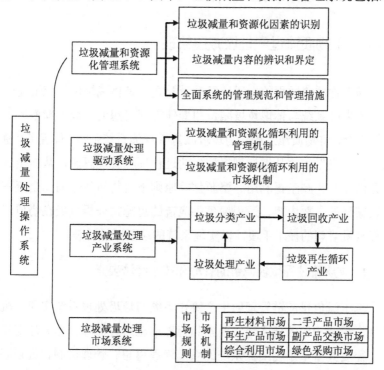

图2.5 垃圾处理产业体系构成

垃圾减量和资源化影响因素的识别，垃圾减量内容的界定，全面系统的管理规范和管理措施等。垃圾减量处理驱动系统包括垃圾减量和资源化利用的管理机制和市场机制。垃圾减量处理产业系统由承担垃圾分类、回收、循环利用和处理职能的产业构成有机整体，形成一个垃圾处理产业系统。系统内各个产业部分相互联系、相互依存，按照绿色供应链原理运营。垃圾减量处理市场系统包括再生材料市场、再生产品市场、二手产品市场、综合利用市场、垃圾能源市场、副产品交换市场、绿色采购市场，以及相应的市场规则、市场机制等。总之，需要制定相关政策，拓展垃圾市场领域，广开渠道构建垃圾回收利用的合理路径。

（三）物质流过程垃圾减量管理

基于物质流过程的生活垃圾减量模式，是体现绿色供应链思想的绿色生产系统与体现垃圾减量和最佳管理思想的垃圾处理系统的有机组合。将物质流过程作为垃圾减量管理的系统范畴，体现了"避免产生优先"和"从摇篮到摇篮"的过程环境管理思想，从而全过程评估在废物减量再利用、资源化等原则下的物质生命周期全流程垃圾减量的主要内容，运用绿色供应链的思想，分析垃圾在物质流过程减量管理的技术手段，以实现系统的垃圾减量管理。

1. 物质流过程垃圾减量的管理和技术经济要素

基于绿色供应链管理的生产协作系统与垃圾处理系统实现有机衔接，需要相应的技术经济要素和管理措施进行保障。作为顶层设计，需要具备基于物质流系统的系统管理思想、管理机制、规划和政策体系作为支撑，需要环境规制和激励手段双管齐下，用经济措施引导绿色采购、发展绿色市场；同时，加强绿色供应链建设，推动主导企业的绿色化转型，并强化其带动引导作用；将绿色供应链机制与垃圾责任分担机制（环境负外部性内部化手段）有机衔接和集成，形成物质流过程垃圾减量系统的绿色机制。

2. 物质流过程垃圾减量模式的关键问题和基本法则

（1）物质流生命周期垃圾管理的关键问题

以往垃圾管理研究多从系统管理、技术经济等角度进行研究。但我国城市生活垃圾管理仍存在认知、核心环节设置、治理机制结构性失衡等偏差导致的政府供给动力不足、源头减量边缘化、循环利用形式化和垃圾资源化绩效低等问题；居民环境意识和责任义务意识仍然较弱，垃圾减量回收系统建设不完善；宣传教育力度深度不够、未形成有效监管机制也是居民和企业主体减量行为弱化的重要影响因素；垃圾减量管理及措施转化作用于各类主体行为的效应存在明显弱化脱节现象。

物质流生命周期垃圾减量模式可以包括管理模式、生产模式、消费模式、行为模式4部分，并非管理模式的转变，更重要的是通过管理模式提升，探索运用绿色供应链管理方式，实现生产模式、消费模式和行为模式的转变，形成资源减量、绿色的生产方式、消费方式和行为模式。因此，管理方式、管理系统、管理内容、管理措施与各个主体的生产、消费行为的协同性是需要解决的关键问题。

现有垃圾管理多关注政府行为或宏观因素对生活垃圾管理成效的影响，较少考虑微观主体行为选择的问题；对于研究外部环境及宏观管理与微观主体感知—态度—行为协同机理关注较少，且对主体认知态度和行为之间缺口识别方面的研究较少，而这些正是长期阻碍我国有效实施垃圾强制分类的重要掣肘。

（2）主体环境责任义务和其权益相适应是环境资源管理的根本法则

清洁优美的环境是政府、企业和公众共同的追求，在获得美好生态环境利益的同时，必须要承担相应的责任和义务，这是全社会需要树立的理念。

在很多发达国家，居民要为产生的垃圾付费，垃圾减量回收管理工作做得较好。法国的生活垃圾税包含在房地产税中，每年的税率会作相应调整，居住面积越大，税额就越高。在美国，许多城市依靠税收来解决废物处理费用的问题。瑞士大多数城市采用固定收费制度。在一些地方，垃圾分类不是强制性的。但是，处理大件物品（如旧家具和电器）要收费。业主需要打电话给专门的运输公司把垃圾送到指定的地方。如果他们随意扔掉大件物品，将被罚款。相反，在我国，一是多数人不认为应该为自己产生的垃圾付费；二是一些人认为垃圾回收需要将可回收垃圾"卖掉赚钱"获得回报，才会进行分类回收，公众自身的环境责任义务意识还未建立起来，垃圾管理工作中"公地悲剧""搭便车"现象突出。

扭转传统观念，让公众懂得责任和义务与权益的获得是相对等的，是辩证统一的道理。公众既是垃圾的产生者也是垃圾的管理者和政策参与者。确保公众有效参与城市固体废物收集、分类回收取决于政府机构管理水平和公众意识的提高，需要政府与公众的互动与合作。

政府与公众之间积极沟通、合作、监督和管理，从而提高减量化、资源利用水平，形成一种共治、共享的社会治理形式。一般地，公民会考虑环境对自身的影响和生活的便利性；企业事业单位和社会组织会考虑自身利益的最大化；政府则主要考虑环境无害、政策执行和财政负担。需要通过制定一系列政策，使政府能够正确引导公众形成环境责任意识，提升公众自主参与环境治理的能力及水平，逐渐实现政府主导下基层自治、全民参与的良好格局。

（3）提升公众参与和社会自治水平是垃圾减量的根本要求

目前的管理模式、管理系统、管理内容和管理措施尚未能够有效解决公众行为绿色转变的根本问题。实际上，垃圾治理和所有环境问题的根源在于全体公民的生产行为、消费行为、生活行为产生的不可持续性影响。针对与生态不和谐的生产、消费、行为方式有的放矢地进行规范和改进，能够从根本上保护环境，实现资源减量、再生循环的可持续性管理，达到事半功倍的效果。目前从表面上看似政府过多干预，实质上政府过度承担社会外部成本。一直以来，企业快速发展的同时伴随社会环境责任的不足或缺失，社会环境自治弱化的问题突出。根据中国人民大学国家发展和战略研究所 2017 年发布的《中国城市生活垃圾管理评估报告》，北京市垃圾"收集—运输—转运—焚烧—填埋"全过程社会成本为 2 533 元/t，其中收集、运输和转运社会成本 1 164 元/t，焚烧处置社会成本 1 089 元/t，收集、运输和转运成本高于焚烧处置成本。如果更多公众担负起源头减量和分类回收的责任，垃圾管理的社会成本将大幅降低。

"谁污染，谁治理"是我国环境保护法律规定的基本原则，生活垃圾首先要实现源头减量，并实施过程管理、提升资源化水平，因此，所有垃圾产生者和排放者对垃圾减量、回收处理负有责任和义务，责任者涉及个人、企事业单位、社会组织等社会单元。目前垃圾分类管理存在管理"失灵"现象，根本原因在于未能有效地落实社会主体的责任和义务，并将环境外部不经济性内部化，推动全社会行为转变并分担合理的外部成本，而政府等公共部门承担了过高的外部成本。提升公众参与和社会自治水平也是环境管理绩效提升的根本路径。

三、城市生活垃圾管理状况分析和预测

人口增长以及城乡一体化步伐的加快，城镇人口越来越集中，随之而来的还有越积越多的生活垃圾。行业分析数据显示，2010 年以来，我国生活垃圾清运量逐年上升，2019 年超过 2 亿 t，达到 2.42 亿 t，同比增长 6.16%。2019 年，我国 214 个大、中城市生活垃圾产生量为 18 850.5 万 t，处置量为 18 684.4 万 t，处置率达 99.1%。产生量最大的是上海市，产生量为 8 793.9 万 t，其次是北京、重庆、广州和深圳，产生量分别为 872.6 万 t、692.9 万 t、688.4 万 t 和 572.3 万 t。前 10 位城市产生的城市垃圾生活总量为 5 621.2 万 t，占全部信息发布城市产生量的 30%。

小垃圾，大民生。垃圾管理问题不仅是检验城市治理水平的重要环节，关系着城市的和谐宜居程度，也关系着千家万户的生活，关系着国民素质的提升、社会的文明进步。近年来，生活垃圾管理得到各级政府高度重视，相关的法规规章和管理技术措施逐步完善，生活垃圾末端处理方式正在转变，垃圾管理更加注重源头减量、分类收集，并且与回收利用和最终处理环节有机衔接，正在推动形成系统的垃圾管理体系。

源头减量。垃圾管理方式正在趋于合理，向垃圾减量化、资源化优先转变。为落实垃圾减量化，我国正在逐步推进以减量化为目标的生产、流通、消费和末端处理的全过程管理系统："以旧换新""包装回收"，鼓励生产企业源头减量；出台包装法、限制过度包装，促进销售环节减量；净菜进城、加强厨余垃圾源头减量；分类回收、循环利用，即强化末端环节的减量化。

分类回收。有效的分类回收是资源循环利用和末端减污的前提和基础。自 2000 年起，我国在北京和上海等 8 个城市开始垃圾分类回收试点工作，但长期以来收效不够显著。普遍存在分类回收意识不足、分类回收设施不健全、推动和监管力度不够等多种问题。在此基础上，国家发展改革委于 2017 年 3 月 30 日颁布文件规定在北京、上海、青岛等 46 个城市先行实施生活垃圾强制分类，引导居民自觉开展生活垃圾分类。到 2020 年年底，我国基本建立了垃圾分类相关法律法规和标准体系，形成可复制、可推广的生活垃圾分类模式，提高垃圾分类回收效率。

中间运输。城市生活垃圾的中间运输是连接垃圾产生源头和末端处置系统的一个结合点，在城市生活垃圾管理系统里起到了枢纽作用。为提高垃圾中间运输效率，政府投入大量资金、配备适量的环卫工人、更换密闭式的垃圾运输车辆、合理规划垃圾转运站及其选址建设、加强垃圾转运站的环境卫生治理，使城市生活垃圾的中转效率有所提高。

最终处理。2001 年，北京城市生活垃圾的无害化处理率仅为 57.7%，主要处理方式为填埋，占用大量的土地，"垃圾围城"现象严重。为解决日益增长的垃圾污染问题，国家投入了大量的人力、物力、财力。截至 2019 年，城市生活垃圾的无害化处理率提高到 99.2%，处理方式也得到较大的改善，填埋比例降到 42%，焚烧、堆肥和回收利用等污染小、可持续的垃圾处理方式比例上升，垃圾末端处理管理状况得到改善和提高。对我国城市生活垃圾管理效率进行如下整体的分析评价。

（一）城市生活垃圾的管理效率评价及比较

首先运用数据包络分析（data envelopement analysis，DEA）效率测度模型，按照垃圾源头减量分类、收集、回收、运输处理 4 个基本环节，对实施生活垃圾强制分类之前的全国城市生活垃圾管理效率的现状进行整体的分析评价和对照。

1. DEA 理论及模型简介

DEA 是由美国著名的运筹学家 A. Charnes、W. W. Cooper 和 E. Rhodes 最早提出的一种效率测度法，也称为 DEA 模型。后来 R. D. Banker、A. Charnes 和 W. W. Cooper 提出了更为严谨的修正模型（称为 BCC 模型）。在 DEA 模型的分析结果中，通常会出现多个决策单元（decision making unit，DMU）被评价为有效的情况，尤其是当投入和产出指标数量较多时，有效的 DMU 数量也会较多，DEA 模型得出的效率最大值为 1，有效的 DMU 效率值相同，无法进一步区分，为解决这一问题，Andersen 和 Petersen 提出了对有效 DMU 进一步区分其有效程度的方法，即"超效率"数据包络分析模型（super efficiency DEA，SE-DEA），超效率模型的核心是将被评价 DMU 从参考集中剔除，也就是说，被评价 DMU 的效率是参考其他 DMU 构成的前沿得出的，有效的 DMU 的超效率值一般会大于 1，从而可以对有效 DMU 进行区分。本书采用 BCC 模型对城市生活垃圾的管理效率进行评价，然后再利用"超效率"模型对有效的 DMU 进一步分析和评价。

DEA 方法用于评价一组具有多种投入和多种产出决策单元的典型方法，通过构建的城市生活垃圾管理的投入和产出指标对城市生活垃圾的管理效率进行评价。DEA 方法的基本思路为：①将每一个被评价的单位作为一个决策单元，即确定 DMU 的投入和产出项；②对各个 DMU 的投入和产出比例进行综合分析，以其投入项和产出项的权重为变量进行计算，得到有效前沿面；③根据各 DMU 与有效前沿面的距离分析判定它们是否为 DEA 有效，进而讨论 DMU 的技术有效性与规模有效性。

城市生活垃圾管理效率的 BCC 模型如下：假设有 n 个决策单元 DMU_j（$j=1，2，\cdots，n$），每个决策单元都有 m 种投入和 s 种产出，则有 $X_j=（x_{1j}，x_{2j}，\cdots，x_{mj}）$，$Y_j=（y_{1j}，y_{2j}，\cdots，y_{sj}）$，且 DMU_{j0} 的投入产出为 $（x_{j0}，y_{j0}）$，计为 $（x_0，y_0）$，本书利用 Charnes-Cooper 变换后的等价线性规划模型，BCC 模型表达式：

$$\min \sum_{i=1}^{i=m} S_1^- + \sum_{k=1}^{k=s} S_k^+$$

$$\min V_{D_k} = \left[\theta - \varepsilon (\hat{e}^T S^- + e^T S^+) \right]$$

$$\text{s.t.} \begin{cases} \sum_{j=1}^{n} \lambda_j X_j + S^- = \theta X_0 \\ \sum_{j=1}^{n} \lambda_j Y_j - S^+ = Y_0 \\ \lambda_j \geqslant 0, j=1,2,\cdots,n, S^- \geqslant 0, S^+ \geqslant 0 \end{cases} \quad (3\text{-}1)$$

式中，$\hat{e}^T=（1，1，\cdots，1）\in Em$；$e^T=（1，1，\cdots，1）\in ES$；$\lambda_j$ 为有效的 DMU 的组合比例；$\in$ 为非阿基米德无穷小量；S^+ 和 S^- 为松弛变量；θ 为 DMU_j 的有效值，对于方程（3-1），若满足：①当 θ 有效，S^+ 或 S^- 有一个或两个大于 0 时，则 DMU_j 为弱有效，该省（市）的城市生活垃圾管理效率中纯技术效率和规模效率不能同时达到最佳；②当 θ 弱有效且 $S^+=S^-=0$ 时，DMU_j 为 DEA 有效，即该决策

单元的城市生活垃圾管理投入产出组合较好，处于有效前沿面；
③$\theta < 0$，则 DMU_j 为 DEA 无效。

"超效率" DEA 模型公式：

$$\min \sum_{i=1}^{i=m} S_1^- + \sum_{k=1}^{k=s} S_k^+$$

$$\text{s.t.} \begin{cases} \sum_{j=1,j}^{n} \lambda_j X_j + S^- = X_0 \\ \sum_{j=1}^{n} \lambda_j Y_j - S^+ = Y_0 \\ \lambda_j, S^-, S^+ \geqslant 0 \\ j = 1, 2, \cdots, n \end{cases} \quad (3\text{-}2)$$

（1）指标选取及其描述性统计

城市生活垃圾管理系统是一个包含垃圾源头减量、分类收集、中间运输和末端处理四个环节的复杂系统，垃圾管理贯穿在整个环节中，因此应用 DEA 模型来评价城市生活垃圾的管理效率时选取的投入和产出指标要包含 4 个环节的影响垃圾管理效率的全部要素。但我国城市生活垃圾管理体系尚不健全，统计数据缺乏、统计口径不一致，投入和产出的指标尚不明确。我国不同省（区、市）的经济、人口、社会和自然条件不同，生活垃圾排放量和垃圾成分各不相同，生活垃圾管理状况也各不相同，因此分析不同省（区、市）的生活垃圾管理的效率并进行评价和对比较困难。城市生活垃圾管理系统的投入应包括 4 个环节的人力、物力和财力，因此，基于数据的可获得性，本书选取市容环卫专用车辆、垃圾处理维护管理资金投入和垃圾处理基础设施建设投资作为投入指标，因缺乏统计数据未包含垃圾管理系统从业人员数。城市生活垃圾管理系统的产出主要是指生活垃圾的最终处理状况，因此选取城市生活垃圾清运量和城市生活垃圾无害化处理率作为产出指标，按"谁污染、谁负责；多排放、多负担"原则，我国城市生活垃圾实行按量收费制度，因此将收取的垃圾处理费也作为产出指标。其他投入产出指标因缺乏统计数据没有包含在内，虽然不能完全包含垃圾管理四个环节的全部投入产出指标，但也在一定程度上能够评价城市生活垃圾管理系统的管理效率。通过以上分析，可以用包含 3 项投入和 3 项产出的 DEA 模型来评价我国各省（区、市）的城市生活垃圾管理效率。表 3.1 为各项投入指标和产出指标的描述性统计，通过观察变量的描述性统计也可以看出不同省（区、市）的城市生活垃圾管理状况各不相同并且差别明显，因此有必要应用 DEA 模型评价城市生活垃圾的管理效率。

表 3.1　变量的描述性统计

类别	变量	最大值	最小值	均值	标准差	样本数
投入指标	市容环卫专用车辆/辆	11 729	3 922.5	4 706	3 103.1	30
	垃圾处理维护管理资金投入/百万元	77 219.8	15 654.5	22 300.6	2 0946.8	30
	垃圾处理基础设施建设投资/百万元	21.1	3.6	5.5	5.6	30
产出指标	城市生活垃圾清运量/万 t	2 214.2	577.2	54.3	433.8	30
	城市生活垃圾无害化处理率/%	100	94.3	91.2	11.3	30
	垃圾处理收费/百万元	1 483.6	152.5	244.3	312.7	30

（2）研究对象及数据来源

本书以 30 个省（区、市）的城市生活垃圾管理效率作为研究对象，数据来源于《中国统计年鉴》《中国环境统计年鉴》。按地理位置将 30 个省（区、市）分为东部地区、中部地区和西部地区。

2. 全国省（区、市）生活垃圾管理效率分析

（1）我国城市生活垃圾管理效率分析

从综合效率来看，2015 年全国 30 个省（区、市）中有 15 个省（区、市）的城市生活垃圾管理达到了 DEA 有效，占全国的一半，处于全国的前沿，综合效率、纯技术效率和规模效率都为 1，规模收益不变，城市生活垃圾传统处理方式的投入产出达到较佳状态，投入的资源得到了充分利用并得到了最好产出。其他省（区、市）的综合效率小于 1，城市生活垃圾管理系统的投入产出未达到最佳状态，纯技术效率或规模效率小于 1，可能存在投入过剩、产出不足、规模偏大或者偏小的问题。全国综合效率的均值为 0.876，处于可以接受的水平，但还有很大的提升空间。低于全国平均值的有 10 个省（区），分别是河北、山西、内蒙古、黑龙江、江苏、安徽、江西、山东、广西和新疆，占 33%，多处于中国中西部地区（见表 3.2）。

表 3.2　城市生活垃圾管理效率

决策单元	综合效率	纯技术效率	规模效率	规模收益	超效率值	超效率排序
北京	1.000	1.000	1.000	不变	1.688	5
天津	1.000	1.000	1.000	不变	1.361	10
河北	0.687	0.687	0.999	不变	0.687	27
山西	0.547	0.557	0.983	递减	0.547	28
内蒙古	0.710	0.766	0.927	递减	0.710	25
辽宁	0.890	1.000	0.890	递减	0.890	18
吉林	1.000	1.000	1.000	不变	3.544	1
黑龙江	0.731	0.825	0.886	递减	0.731	24
上海	1.000	1.000	1.000	不变	1.409	8

决策单元	综合效率	纯技术效率	规模效率	规模收益	超效率值	超效率排序
江苏	0.696	1.000	0.696	递减	0.696	26
浙江	0.885	1.000	0.885	递减	0.885	19
安徽	0.856	1.000	0.856	递减	0.856	22
福建	1.000	1.000	1.000	不变	1.218	12
江西	0.865	0.927	0.933	递减	0.865	21
山东	0.451	1.000	0.451	递减	0.451	30
河南	1.000	1.000	1.000	不变	1.392	9
湖北	0.949	1.000	0.949	递减	0.949	16
湖南	0.900	1.000	0.900	递减	0.900	17
广东	1.000	1.000	1.000	不变	1.536	7
广西	0.738	0.796	0.928	递减	0.738	23
海南	1.000	1.000	1.000	不变	1.894	4
重庆	1.000	1.000	1.000	不变	2.502	3
四川	1.000	1.000	1.000	不变	1.028	14
贵州	1.000	1.000	1.000	不变	1.016	15
云南	1.000	1.000	1.000	不变	1.033	13
陕西	0.879	0.927	0.949	递减	0.879	20
甘肃	1.000	1.000	1.000	不变	1.284	11
青海	1.000	1.000	1.000	不变	2.521	2
宁夏	1.000	1.000	1.000	不变	1.646	6
新疆	0.505	0.510	0.990	递增	0.505	29
均值	0.876	0.933	0.941	—	1.211	—

注：2～5列为DEAP2.1软件的处理结果，6～7列为EMS1.3软件的处理结果。

　　从纯技术效率来看，30 个省（区、市）中有 22 个省（区、市）的纯技术效率为 1，达到技术有效，占全国的 73%，比例较高，并且纯技术效率的平均值高达 0.933，说明现阶段我国城市生活垃圾管理系统的投入组合较好。其余省（区、市）的纯技术效率小于 1，存在不足，说明这些省（区、市）的城市生活垃圾管理效率在现有的规模下资源投入未得到充分利用。纯技术效率不足的 8 个省（区、市）中差别较大，特别是新疆（0.51）、山西（0.557），远远低于全国的平均值，急需提高现有规模下资源投入的利用水平。

　　从规模效率来看，全国 30 个省（区、市）的平均规模效率为 0.941，规模有效的省（区、市）有 15 个，占全国的 50%且规模收益不变，投入产出的配置已经达到最优。其他规模效率不是 1 的省（区、市）中河北、新疆的规模效率大于 0.99，也可以认为规模有效。非 DEA 有效的省（区、市）中，除新疆处于规模收益递增状态外，其余都是规模收益递减，对于新疆，应扩大规模使得垃圾处理投入的资金、设备等资源配置达到最优；对于处于规模收益递减状态下的省（区、市），需要在不减小规模的前提下优化投入产出组合才能提高效率、降低成本。辽宁、江苏、浙江、安徽、山东、湖北和湖南 7 个省的纯技术效率为 1，而综合效率分别为 0.890、0.696、0.885、0.856、0.451、0.949、0.900，可以看出，这些省份是纯技术有效但规模无效，并且规模收益处于递减状态，减少一部分投入也可能保持现有的产出水平。

　　综上所述，北京、天津、吉林、上海、福建、河南、广东、海南、重庆、四川、贵州、云南、甘肃、青海、宁夏 15 个省（区、市）的城市生活垃圾管理效率为 DEA 有效，其综合效率、纯技术效率和规模效率处于较高的水平，并且处于规模收益不变的状态。30 个省（区、市）的平均综合效率为 0.876、平均纯技术效率 0.933、平均规模效率为 0.941，平均纯技术效率和平均规模效率处于较高的水平，平均综合效率处于可接受的水平，但与纯技术效率和规模效率相比差距较大，有较大的提升空间。综合表 3.2 的投入产出指标，说明我国城市生活垃圾管理的投入较大，产出相对不足，存在规模收益递减现象，在不改变规模的情况下减少适当投入可以保持现有的产出水平。

（2）我国城市生活垃圾管理效率的地区差异分析

由表 3.3 可知，从平均综合效率来看，中部地区＞西部地区＞东部地区，即城市生活垃圾管理效率总体相对较高的是中部地区，超过了全国各省（区、市）的平均水平（0.876），而东部和西部地区的城市生活垃圾管理效率低于全国的平均水平；从平均纯技术效率来看，东部地区＞西部地区＞中部地区，东部地区的技术效率水平较高；从平均规模效率来看，中部地区＞西部地区＞东部地区，即东部地区城市生活垃圾管理的规模效率低下，城市生活垃圾处理的资金投入和设备投入量较大而产出不足，投入产出组合不合理，规模收益低。因此，从国家层面来看，要合理优化资源配置，东部地区要在不减少投入的基础上提高城市生活垃圾的处理能力，中部地区要提高城市生活垃圾管理的技术水平，西部地区要适当增加城市生活垃圾管理的资金投入和设施投入，扩大规模提高城市生活垃圾的管理效率。

表 3.3　城市生活垃圾管理效率的区域差异

地区	平均综合效率	平均纯技术效率	平均规模效率
东部地区	0.863	0.996	0.866
中部地区	0.894	0.909	0.981
西部地区	0.870	0.984	0.885
全国	0.876	0.993	0.941

（3）基于"超效率"DEA 分析

通过表 3.2 中综合效率和超效率值的对比可以发现,对于无效的决策单元其测算结果二者一致,对于有效的决策单元,BCC 模型无法对其进行分析比较,但是"超效率"DEA 模型可以进一步比较分析。城市生活垃圾管理效率有效省（区、市）"超效率"DEA 测算排名前 8 位的分别为吉林、青海、重庆、海南、北京、宁夏、广东和上海,占一半并且排名前 3 位的都在中西部地区。DEA 模型在评价效率时有一定的缺陷,低投入低产出也能导致高效率,但是也在一定程度上说明城市生活垃圾的管理效率与地区经济发展水平没有显著影响,下面的影响因素分析也得到了验证。

综上所述,在当前生活垃圾末端管理方式下,全国普遍存在城市生活垃圾管理资金、设备管理投入越来越大,而产出不足,投入产出不合理,规模收益低的情况,一些较为落后的省（区、市）对于生活垃圾管理的投入不足,不堪重负,难以承担高额的垃圾处理成本。随着经济水平的上升,人口向城市转移,城市生活垃圾管理也亟须改革其管理模式,实施垃圾减量优先和过程管理,提高管理效率,降低管理成本和投入具有较大的潜力和空间。

（二）城市生活垃圾管理效率影响因素分析

1. 模型设定及指标选取

在对城市生活垃圾管理系统效率分析的基础上,应用 Tobit 模型进一步分析其影响因素,以城市生活垃圾管理效率为因变量,选取城市生活垃圾管理效率的影响因素为自变量,用 Tobit 进行回归分析。Tobit 模型可以用来分析因变量受限或截断的问题,城市生活垃圾管理

效率影响因素的 Tobit 分析属于因变量受限的回归模型，表达式为

$$Y = \begin{cases} Y^* = \alpha + \beta X + \varepsilon, & Y^* > 0 \\ 0, & Y \leqslant 0 \end{cases} \tag{3-3}$$

式中，Y 为因变量；X 为自变量；α 为截距向量；β 为回归参数向量；ε 为随机干扰项。

城市生活垃圾的管理是一个包含 4 个环节的全过程的涉及多个利益主体的管理体系，因此利用 Tobit 模型分析影响因素时要从多方面考虑，参考已有文献从以下几个方面来分析城市生活垃圾的管理效率的影响因素（表 3.4）。

表 3.4　城市生活垃圾管理效率影响因素

变量符号	变量名称	变量符号	变量名称
Y	基于 DEA 的城市生活垃圾管理效率	X_4	城镇人口/百万人
X_1	城市生活垃圾排放量/万 t	X_5	科技发明数/个
X_2	人均 GDP/（元/人）	X_6	城市垃圾处理投资/百万元
X_3	城镇人口比重/%	X_7	居民的环保意识/%

（1）城市生活垃圾排放量

城市生活垃圾的排放量是一个地区垃圾管理设施的配置、人员的安排和垃圾处理基础设施建设的决定因素，是城市生活垃圾管理的前提，因此将城市生活垃圾的排放量作为影响城市生活垃圾管理效率的一个因素。

（2）经济发展水平

经济发展水平影响城市生活垃圾的排放量，现阶段我国大部分省（区、市）的城市生活垃圾排放量随经济的发展而增加，经济的

发展也决定了能用于生活垃圾管理的资金投入进而影响城市生活垃圾管理效率，因此将人均 GDP 作为经济发展的指标。

（3）城镇化水平

城镇化程度决定了垃圾中间运输的效率、末端处理厂址的选择，将城镇人口比重作为一个影响因素。

（4）城市人口

人口数量、分布和密度影响城市生活垃圾的产生量，影响垃圾的运输和处理厂址的选择，在我国实行垃圾按量收费制度下也影响垃圾处理费用收取的效率。

（5）科技水平

科技的进步减少城市生活垃圾处理费用，提高垃圾处理的效率，因缺乏垃圾处理行业科技创新的统计数据，本书中以各省（区、市）总的科技发明个数代替城市生活垃圾处理行业的科技水平。

（6）垃圾处理投资

将垃圾处理维护管理资金投入和垃圾处理基础设施建设投资之和作为垃圾处理投资。

（7）居民的环境保护意识

居民的环保意识越强，越能做好垃圾的源头减量，并科学规范地进行垃圾的分类回收，减少垃圾的处理成本，能更自觉地循环使用可回收利用的资源。居民的环保意识较难量化但与受教育程度有较大的关系，因此以城市大专以上学历人口数比例来表示。

2. Tobit 回归结果分析

城市生活垃圾管理效率影响因素的 Tobit 回归结果见表 3.5。

表 3.5　Tobit 回归分析

变量	系数	标准差	Z-统计量	概率
C	1.116 8	0.410 1	2.723 2	0.006 5
X_1	0.000 6	0.000 3	0.214 1	0.830 5
X_2	0.000 3	0.000 5	0.561 1	0.574 7
X_3	−0.008 8	0.011 2	−0.863 4	0.432 8
X_4	−0.000 5	0.000 6	−0.863 4	0.387 9
X_5	0.086 1	0.294 9	0.942 6	0.021 3
X_6	0.001 8	0.025 3	0.711 6	0.476 7
X_7	0.004 8	0.008 7	6.298 2	0.002 4
平均方差	0.832 1	标准方差		0.164 3
回归标准差	0.170 8	赤池信息准则		−3.406 6
残差平方和	0.141 9	Schwarz 信息准则		−2.013 8
极大似然值	18.097 5	汉南—奎因准则		−4.272 0
对数似然值	2.630 5			

注：表中数据为 Eviews7.0 回归结果。

可以得出如下结论：

（1）科技水平对城市生活垃圾的管理效率有积极影响

城市生活垃圾收集处理的技术水平对管理效率的影响系数为 0.086 1，即科技水平上升 1，城市生活垃圾的管理效率可以提高 8.61%。通过提高城市生活垃圾的集成、分类回收利用技术及垃圾的处理技术，可以有效提高城市生活垃圾的管理效率。

（2）居民的环保意识与城市生活垃圾的管理效率呈显著正相关

影响系数为 0.004 8，说明居民的环保意识提高 1，城市生活垃圾的管理效率提高 0.48%。城市居民是城市生活垃圾的主要生产者，也是城市生活垃圾管理的主要对象和重要参与者，居民环保意识转化成行为还有一个相对较长、滞后的从心理到意向动机到行为的转变过程，城市生活垃圾管理效率的提高离不开对居民的垃圾排放行为和意识的研究。居民的环境保护意识在城市生活垃圾管理系统的四大环节中的作用可以体现在：提倡绿色生活新时尚，在物质需求、空间需求、能量需求等方面尽可能简化生活需要，源头减少垃圾的产生量。如购买净菜、避免浪费以减少厨余垃圾的排放，购买电子书籍、网络刊物减少废纸的排放量等；自觉地循环使用可回收利用的物品提高资源的循环利用效率；科学规范地进行垃圾的分类回收减少垃圾的处理成本；积极参与环境保护多元共治行动，影响政府垃圾管理方式的选择等。

（3）城市生活垃圾的排放量、人均 GDP、城市人口、城镇化水平和城市生活垃圾处理投资对城市生活垃圾的管理效率无显著关系

进一步分析可以得出以下结论：城市生活垃圾的排放量与管理效率并没有直接的关系，说明目前生活垃圾管理工作，与前端的避免产生、垃圾减量的管理理念相对脱节，源头垃圾减量管理薄弱，管理效率的提升也只是针对垃圾产生之后的管理而言。人均 GDP 和城市生活垃圾处理投资可以代表经济发展水平，理论上经济发展水平的提高有利于管理效率的提高，但在城市生活垃圾管理效率中二者的相关性较弱，说明经济发展水平与城市生活垃圾管理没有很密切的关联关系，随着经济的发展，生活垃圾管理的重视程度有待提升；城市人口和城镇化水平是人口状况的代表，人口状况与城市生活垃圾的管理效率无显著关系，人口因素不是限制垃圾管理效率的主要因素；但人口规模和人均 GDP 均是影响城市生活垃圾管理规模效率的重要因素。

应用 DEA 模型，通过分析选取市容环卫专用车辆、垃圾处理维护管理资金投入和垃圾处理基础设施建设投资作为投入指标，选取城市生活垃圾清运量、城市生活垃圾无害化处理率和收取的垃圾处理费作为产出指标，对我国城市生活垃圾管理系统的效率进行评价，

在此基础上应用 Tobit 模型分析城市生活垃圾管理效率的影响因素。通过 DEA-Tobit 两阶段模型的分析得出如下结论：

总体来看，我国城市生活垃圾管理效率处于较高的、可以接受的水平但有较大的上升空间，50%的省（区、市）达到了 DEA 有效，城市生活垃圾的投入产出组合较好。

非 DEA 有效的省（区、市）存在的主要原因是规模无效，大部分省（区、市）的城市生活垃圾管理投入规模偏大，存在投入冗余或产出不足。随着经济进一步发展和城市化进程加快，城市人口会不断增加，城市生活垃圾管理规模无效的情况会更加剧，迫切需要改革现有的生活垃圾管理模式。

全国各省（区、市）的城市生活垃圾管理系统多数为规模收益递减，这与城市生活垃圾管理系统的特殊性有关，城市生活垃圾管理系统前期需要大量投入，如垃圾处理基础设施的建设需大量投资，可能造成部分资源的暂时闲置。公民行为方式的改革和转变，也需要伴随生活垃圾技术资金投入及管理方式的变革协同改进，才能进一步提升生活垃圾管理的效率。

我国城市生活垃圾的管理效率存在地区差异，但并不存在东部地区＞中部地区＞西部地区的规律，也说明了城市生活垃圾的管理效率与地区经济发展水平没有直接的关联，"超效率"DEA 测算结果也证明了这一结论。

影响城市生活垃圾管理效率的因素众多，科技水平、居民环保意识与城市生活垃圾的管理效率呈显著正相关，而经济发展水平、人口状况、城镇化等宏观变量对城市生活垃圾的管理效率无显著影响，但却是影响城市生活垃圾管理规模效率的重要因素，说明城市生活垃圾管理问题更需要引起管理部门重视，将垃圾管理与经济发展联系起来分析并作出科学的管理决策。

综合上述研究结论，可以从以下几个方面来提高城市生活垃圾的管理效率：

①加大科技投入，鼓励科技创新，提高垃圾处理科技水平。科学技术是第一生产力，不断进行城市生活垃圾管理的科技创新，为提高城市生活垃圾管理效率提供技术支持。城市生活垃圾管理系统的技术创新，可结合智慧城市和数字经济发展，构建数字化、智慧型生活垃圾管理系统和网络，加大力度研发和推广垃圾减量技术、循环利用技术、分类回收技术、收集运输技术以及最终的末端处理技术。近年来，由于经济的发展、城市环境压力的增大和城市可持续发展的要求，我国不断优化垃圾填埋、焚烧和堆肥比例，垃圾末端处理技术及发明专利不断增加，垃圾处理水平也不断提高，科技水平的提高是城市生活垃圾管理效率提高的技术支持。

②提高居民的环保意识和责任意识。生活垃圾管理效率与人口、垃圾排放量无强相关性，说明传统的管理方式不能很好地涉及并干预源头和前端的垃圾减量及排放行为，即管理与前端过程的垃圾减量的管理理念相对脱节，垃圾管理及其效率的提升更多针对垃圾末端处理过程。城市生活垃圾的源头减量、分类收集、资源的回收利用需要全社会的公众参与，以居民环保意识、责任意识的增强为基础，以企业和居民行为的转变为宗旨，减少垃圾的产生量、提高分类回收的效率、提高循环利用水平，才能从根本上实现垃圾减量、资源高效、生态良好的目标。

经济发展水平与城市生活垃圾管理效率相关性弱，说明城市生活垃圾管理及投资与当地经济发展水平不存在正相关关系。城市生活垃圾管理的重视程度需要提升，城市生活垃圾的管理水平应当伴随着经济发展、城镇化进程加快以及城市居民生活水平提升而相应地加强。将垃圾管理与经济发展联系起来分析和作出科学管理决策，转变管理理念，构建全社会普遍接受的基于生命周期管理思想的城市生活垃圾管理体系。将传统的只注重末端处理的垃圾管理思想转变为基于生命周期全过程的垃圾管理理念，是一个包含源头减量化、中间资源化和末端无害化的全过程管理体系，城市生活垃圾管理效率的提高依赖全过程的有效管理。垃圾管理和公民行为方式的改革，需要伴随生活垃圾技术资金投入及其管理方式的变革，才能进一步提升生活垃圾管理的效率。

（三）北京城市生活垃圾的产生、处理、管理现状

我国经济快速发展，人口增加，GDP 迅速增长，人们的消费物品日益丰富，生活方式和消费观念也发生了变化，城市生活垃圾清运量也不断增加。北京市作为首都和千万人口的世界大都市，在我国生活垃圾管理方面具有较强的代表性。开展生活垃圾可持续性管理对于提升首都生态价值、政治影响力和完善城市运行功能有重要作用。近年来，随着北京市经济社会发展和人口的增长，垃圾产生量呈逐年快速增长趋势，2019 年位列全国第二。一方面，大量的垃圾使相关管理部门不堪重负，垃圾填埋场趋近饱和，新建处理场所空间有限，"垃圾围城"形势严峻，垃圾处理问题到了必须解决的历史窗口期。另一方面，垃圾中含有丰富的可利用资源。为了贯彻减污降碳协同增效思想，通过垃圾分类实现垃圾减量化、资源化、无害化管理，刻不容缓。

北京市一直致力于实现科学的生活垃圾管理，政府经过多年不懈努力，出台一系列管理文件、法规。自 1993 年以来，北京市率先制定《北京市市容环境卫生条例》，规定对城市生活废弃物"逐步实施分类收集"之后，市政府及相关部门就垃圾分类工作推出不少举措，有效果但进展不够明显。总体而言，早期的垃圾分类有倡议

但标准欠缺，有试点但监督管理力度不够，社会参与度有待提升，投入成本高，进展缓慢，与社会实际需求存在很大差距。

1997 年北京市物价局、市政管理委员会出台《关于调整居住小区居民生活垃圾清运费的通知》，城市生活垃圾管理机制逐步从政府管理向政府加市场管理的模式转变，2003 年国家出台《城市生活垃圾分类标志》（GB/T 19095—2003），北京市以迎奥运为契机制定发布了《中共北京市委 北京市人民政府关于进一步加强城乡环境卫生工作的若干意见》，进一步推动垃圾分类工作；2009 年为切实提高生活垃圾减量化、资源化、无害化水平，出台《北京市生活垃圾"零废弃"试点管理办法（试行）》明确生活垃圾处理工作定位，提出促进生活垃圾源头减量和垃圾资源充分回收利用，达到避免和减少、物尽其用、实现垃圾"零废弃"的目标；《关于全面推进生活垃圾处理工作的意见》指出：要明确生活垃圾处理工作定位，实现"增能力、调结构、促减量"目标。围绕大力推进人文北京、科技北京、绿色北京建设，立足首善之区要求，以建设生态、循环、可持续的垃圾处理系统为宗旨，遵循减量化、资源化、无害化原则，着力构建城乡统筹、结构合理、技术先进、能力充足的生活垃圾处理体系和政府主导、社会参与、市场统筹、属地负责的生活垃圾管理体系。而当时的垃圾减量仍然是指垃圾总量的减少，即通过采取分类、焚烧及其他技术措施减少垃圾总量，并非源头的生产和消费过程垃圾减量管理及行为方式转变。2012 年 3 月 1 日开始施行的《北京市生活垃圾管理条例》，是国内首部以立法形式规范垃圾处理行为的地方性法规，在其中明确了管理目标、管理主体、管理范畴和管理原则，提出了"单位和个人应当遵守国家和本市生活垃圾管理的规定，依法履行生活垃圾产生者的责任，减少生活垃圾产生，分类投放生活垃圾，并有权对违反生活垃圾管理的行为进行检举和控告"，以及"产生生活垃圾的单位和个人应当按照规定缴纳生活垃圾处理费"。"单位和个人应当减少使用或者按照规定不使用一次性用品，优先采购可重复使用和再利用产品。本市鼓励净菜上市，提倡有条件的居住区、家庭安装符合标准的厨余垃圾处理装置"等规定。但整体上，该法规仍然侧重于管理以及管理部门的职责，对于排放行为主体，包括单位和个人的垃圾减量及分类等责任义务作了原则性规定，但实操性较弱，在法规执行落实方面成效不显著；《北京市餐厨垃圾和废弃油脂排放登记管理暂行办法》（2012）提出，加强餐厨垃圾和废弃油脂的排放管理，建立专业化、规范化的收集、运输和处理体系，保障人民身体健康。

2017 年出台了《北京市人民政府办公厅关于加快推进生活垃圾分类工作的意见》，在全市形成了包括目标体系、强制分类、示范片区创建、各品类和各环节管理、城乡统筹、政策机制、宣传动员、全民参与和社会共治在内的系统推动垃圾分类工作的基本框架；该意见指出：以餐厨垃圾、建筑垃圾、可回收物、有害垃圾、其他垃圾作为生活垃圾分类的基本类别，通过党政机关率先实施垃圾强制分类和各区创建垃圾分类示范片区，到 2020 年年底，基本实现公共机构和相关企业生活垃圾强制分类全覆盖，全市垃圾分类制度覆盖范围达到 90%及以上的目标；还出台了《北京市生活垃圾分类治理行动计划（2017—2020 年）》，其中强化生活垃圾"干湿分开"和资源化利用，促进垃圾减量，缓解处理设施运行压力。进入垃圾焚烧和填埋处理设施的生活垃圾增速逐年下降，2018 年控制在 12%左右，2019 年控制在 8%左右，2020 年控制在 4%左右。自 2020 年 5 月 1 日起，北京市正式实施并推行新版《北京市生活垃圾管理条例》，为配合条例的实施，同时印发了《北京市生活垃圾分类工作行动方案》以及 4 个实施办法。

在宣传推广工作上，2019 年由北京市城市管理委员会牵头，设计制作了"垃圾分类我们一起来"系列公益广告，在全市 26 根单立柱、100 个公交站台、20 辆公交车身、100 块地铁灯箱等户外同步投放，并拍摄了垃圾分类嘻哈主题公益广告等，在各大影院作为贴片广告放映；在向社会公众发放的《首都居民家庭垃圾分类指南》宣传折页和在社区张贴的海报中，对四类垃圾在生活中常涉及的一些品类进行了图示举例；为指导居民垃圾分类，北京市城市管理委员会制定了《居民家庭生活垃圾分类（两桶一袋）指引》，建议居民在家中设置"两桶一袋"，即指厨余垃圾桶、其他垃圾桶和可回收物收集袋，以方便分类收集垃圾，各住宅小区也纷纷相应号召，在社区内入户发放小垃圾桶和垃圾袋；2020 年 4 月 16 日，北京市为了提升居民参与的积极性和垃圾投放的准确性，上线了专门针对北京市的实际情况而开发的"北京市垃圾分类宝典"，其中纳入了几乎所有北京市民常见的垃圾，并且为了包容不同人群的习惯叫法，完善了相应的容错机制，居民只需登录微信小程序，通过输入文字、拍照或语音查询，即可得到相应的垃圾分类指导。当前，北京市正着力完善全民参与的共治机制，北京市城市管理委员会同首都精神文明办在全社会加强宣传动员，加大各类媒体的公益宣传力度，采用各种方式普及垃圾分类知识，充分发挥生活垃圾循环处理园区的宣传教育展示功能，并以社区党组织为领导核心，通过党建引领发动居民委员会，组织居民参与垃圾分类。

在监督管理工作上，2019 年北京市健全了日常执法检查，逐步覆盖至居住小区。垃圾分类管理责任人不组织分类或分类不符合要求拒不整改的单位，要移交执法部门处罚，逐步建立了"不分类，不收运"的倒逼机制。自 2020 年 5 月 1 日《北京市生活垃圾管理条例》正式施行后，北京市各级政府各部门各司其职，由北京市人民政府统筹全市生活垃圾管理工作，北京市城市管理委员会负责生活垃圾的规划、协调、指导、考核和全过程监督，北京市各区政府负责本辖区的生活垃圾，北京市城管执法局负责生活垃圾强制分类执法检查，首都精神文明办开展垃圾分类宣传动员等。

1. 北京城市生活垃圾的清运量及其变化趋势

根据统计数据，20 世纪 90 年代以前城市生活垃圾的增长不太明显，90 年代后增长加快，到 21 世纪，人口、资源和环境问题更加突出。1987—2016 年，北京城市生活垃圾与人口增长趋势见图 3.1。

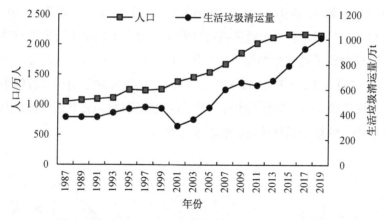

图 3.1　1987—2019 年北京市人口与生活垃圾清运量

数据来源：北京市环境状况公报、北京市统计年鉴。

（1）人口与生活垃圾清运量的变化趋势

从图 3.1 可以看出，北京市人口总量和生活垃圾清运量总体上都呈上升趋势，且呈现同步状态。人口的增加导致生活垃圾清运量增加，人口是生活垃圾增长的重要原因。1987 年全市常住人口仅为 1 047 万人，到 2019 年为 2 154 万人，增长了 2 倍多。但也可以看出人口的增长与城市生活垃圾的清运量不是单一的线性关系，存在两个时间段的波动。1987—2019 年，我国的人口平均增长率为 2.27%，城市生活垃圾的平均增长率为 3.1%，超过了人口的增长率。垃圾清运量在 2000 年和 2008 年前后两个时间有所波动，可能与国家当时的垃圾治理政策的强化具有一定关系。综上所述，垃圾清运量随人口的增长而增加，但不是唯一的决定因素。

（2）北京市 GDP（经济发展）与生活垃圾清运量的关系和趋势

从图 3.2 可以看出，1987—2019 年北京市 GDP 逐年上升，年平均增长 15.7%，增长曲线较陡峭；生活垃圾清运量总体上呈增长趋势，1987 年仅为 307.3 万 t，到 2019 年为 1 011 万 t，增长了接近 2.3 倍。观察城市生活垃圾清运量曲线可以看出，北京市城市生活垃圾与经济增长曲线不是典型的倒 "U" 形，其间有两个小的峰值，分别为 1997 年的 460 万 t 和 2009 年的 656 万 t。2008 年垃圾清运量有较小幅度的下降，随后又立刻上升。此后垃圾清运量与 GDP 曲线都呈上升趋势，垃圾清运量随经济的增长而增加。

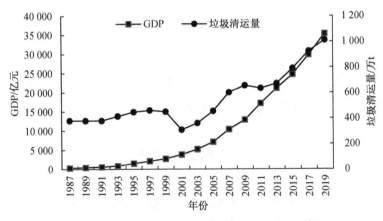

图 3.2　1987—2019 年北京市 GDP 与垃圾清运量

数据来源：北京市环境状况公报、北京市统计年鉴。

人均垃圾产生量的增长速度小于垃圾总量的增长速度，在一定程度上说明北京市垃圾总量的增长主要是人口的增长引起的，在采取一系列垃圾治理措施后，人均垃圾产生量的增速减缓。由此可见，国家政策在促进城市生活垃圾的减量、回收方面起作用，但不具有持续性，民众的环保意识和观念在垃圾减量中具有重要意义，这将是以后垃圾管理的重点。国家需要制定目标、采取措施实现垃圾与经济增长的分离，到 2030 年实现垃圾增长达到"峰值"后下降，实现垃圾清运量与经济增长的"脱钩"是未来几年努力的方向。

2. 北京市生活垃圾组成成分

从图 3.3 可以看出，通过纵向年际比较，北京市垃圾组成成分中，厨余垃圾占据首位；废纸和废塑料所占比重不断增长，成为城市生活垃圾的重要组成部分；由于北京市进行生活能源清洁化转型，彻底改变燃煤取暖的模式，使草木、灰土等比重下降；垃圾分类的实

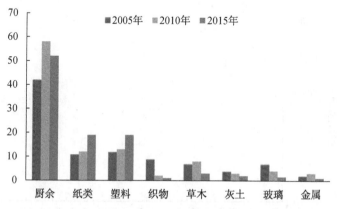

图 3.3　2005 年、2010 年、2015 年北京市生活垃圾组成

数据来源：北京市城市管委统计数据，分别为 2005 年、2010 年、2015 年垃圾组成成分。

施使织物、玻璃金属等所占比重不断下降。从 2010 年起，北京市城市生活垃圾组成中，厨余、废纸和废塑料占垃圾总量的 80%以上，这些垃圾都是可以回收利用的，加上玻璃、金属等可回收物，在城市生活垃圾中，约 90%的都是可回收利用的，在现阶段，北京市城市生活垃圾的主要处理方式仍是填埋、焚烧与堆肥，厨余和大量的可回收物质需要被分类回收处理，避免资源浪费，减少环境污染。

3. 北京市生活垃圾处理现状

由图 3.4 可知，2000 年，北京市城市生活垃圾的无害化处理率仅为 56.4%，主要处理方式为填埋。理论上，经卫生填埋后的垃圾无害化处理率能达到 80%及以上，但需要占用大量的土地资源，同时还会产生排放沼气、产生渗滤液等不可避免的污染物。随着垃圾处理模式和垃圾处理技术的不断改进优化，2012 年北京市生活垃圾无害化处理率已突破 99%，且逐年稳定上升，2020 年已达到 100%。

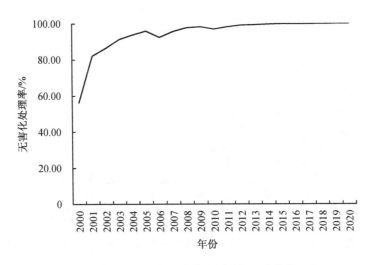

图 3.4　2000—2020 年北京市生活垃圾无害化处理率

由图 3.5 可知,当前北京市生活垃圾无害化处理的主要方式分别为卫生填埋、焚烧、堆肥 3 种。随着垃圾处理方式结构的变化,呈现卫生填埋占比逐步下降,垃圾焚烧占比大幅提升的趋势,到 2018 年,填埋和焚烧的生活垃圾数量占比达到相同,2018 年之后,垃圾焚烧占比超过填埋占比,成为最主要的垃圾处理方式,堆肥处理量也在稳步提升。

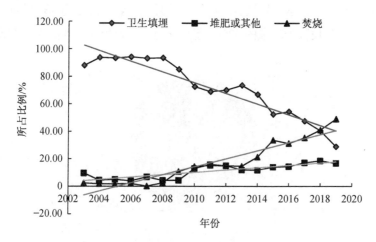

图 3.5　北京市生活垃圾无害化处理方式占比

垃圾无害化卫生填埋是最传统的垃圾处理手段,其为采用工程技术措施,将垃圾经压实覆土后使其发生物理、化学、生物等变化,分解有机质,达到无害化目的的一种处理方式,而经填埋产生的填埋气可以收集利用实现供热、供电。卫生填埋的适用范围广、技术成熟、投资和运行费用较低,使其成为 21 世纪初期北京市最常用的垃圾处理手段。截至 2019 年,北京市的垃圾卫生填埋场共 9 座,规模较大的是阿苏卫垃圾卫生填埋场、永合庄垃圾卫生填埋场等。

垃圾无害化焚烧是通过热高温处理使垃圾中的可燃成分经过燃

烧反应最终成为稳定的灰渣的过程，是可将废物中的有害有毒物质在高温条件下热解破坏从而实现无害化的处理技术。焚烧后可以将被处理垃圾减容 80%，减重 90%，减少其对环境的污染，节约土地资源。同时，焚烧后蒸汽可转化为热能加以利用，渗沥液可处理成中水，循环再利用，残渣作为危险固体废物进行专门处理。如图 3.6 所示，2019 年，北京市本地的垃圾焚烧处理厂已有 10 座，有高安屯垃圾焚烧厂、鲁家山垃圾焚烧厂等，并且以焚烧方式处理的垃圾量占全部无害化垃圾处理量的 52%，逐步成为北京市垃圾处理的主要方式。

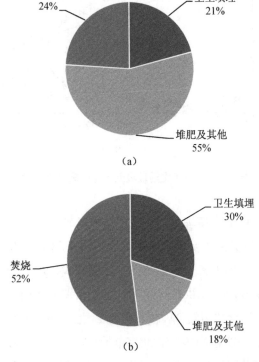

图 3.6　北京市垃圾无害化处理厂数量占比（a）和垃圾处理量占比（b）

垃圾无害化堆肥是指在有控制的条件下，利用微生物使垃圾中的有机物降解为稳定的腐殖质的生物化学反应，在此过程中生成的腐殖质可以用作肥料或土壤改良剂。常见的堆肥方式有好氧发酵和厌氧发酵，好氧发酵的周期短、无害化效果好，厌氧发酵周期较长、占地面积大且工厂化生产难度较大。受经济和社会条件限制，机械化高温堆肥由于处理成本较高难以推广应用，目前应用较多的是工艺简单、机械化程度低的好氧发酵技术，这种垃圾处理方式常用于厨余垃圾的处理。

（四）基于灰色模型的北京生活垃圾产生量预测

垃圾总量不断增长，垃圾污染日益加重，垃圾治理压力不断增加，垃圾的持续增长已成为我国城市治理的掣肘，对城市生活垃圾的产生量进行预测，明确其变化规律，实现垃圾全过程的减量化，提高生活垃圾的回收利用率，充分利用"城市森林""城市矿产"，对实现社会的可持续发展有重要的意义。预测垃圾产生量的方法有多种，但由于城市生活垃圾的复杂性和影响因素的多样性，各种方法都有一些缺陷和不足。基于城市生活垃圾产生的复杂性，本书采用灰色模型预测城市生活垃圾的产生量，并进行检验。

1. 灰色理论的思想和方法

灰色系统是由我国学者邓聚龙在 1982 年提出，将控制论的观点应用到复杂的大系统中，可用于研究具有灰色性的问题。灰色系统可用于贫信息建模，其提供了信息不完全的条件下解决问题的途径，应用数据生成的方法将杂乱无章的、大量的原始数据变为有规律性的生成数列后再进行研究。灰色理论认为系统内的数据是有内在规律的，可以从看似毫无规律的原始数据中开拓、寻找和挖掘其内在规律。灰色系统论的研究过程可以概括为：全部未知的黑箱—部分未知的黑箱—灰色系统。"黑箱"即无法利用内部信息，只能从系统外部特征去研究。灰色系统打破已存的"箱"的约束，发挥现有信息的作用，发现事物的本质和规律。

建模思想：分析一组数列的内在结构，建立与之相应的微分方程模型，发现内在规律性，预测数列的未来变化趋势。GM(1,1)是常用的预测模型，具有很好的预测效果，GM(1,1)模型具体预测过程如下：

已知一组原始数列：

$$X^{(0)}(1), X^{(0)}(2), \cdots, X^{(0)}(n) \tag{3-4}$$

首先，通过累加形成新序列：

$$X^{(1)}(1), X^{(1)}(2), \cdots, X^{(1)}(n) \tag{3-5}$$

其中：

$$X^{(1)}(1) = X^{(0)}(1) \tag{3-6}$$

$$X^{(1)}(2) = X^{(0)}(1) + X^{(0)}(2) \tag{3-7}$$

······

$$X^{(1)}(n) = X^{(0)}(1) + X^{(0)}(2) + \cdots + X^{(0)}(n) \tag{3-8}$$

将累加序列取均值，得到新序列：

$$Z^{(1)}(1) = X^{(1)}(1) \tag{3-9}$$

$$Z^{(1)}(2) = [X^{(1)}(1) + X^{(1)}(2)] / 2 \tag{3-10}$$

······

$$Z^{(1)}(n) = [X^{(1)}(1) + X^{(1)}(2) + \cdots + X^{(1)}(n)] / 2 \tag{3-11}$$

GM(1,1)预测模型相应的微分方程为

$$[\mathrm{d}x^{(1)}/\mathrm{d}t] + ax^{(t)}(t) = b \qquad (3\text{-}12)$$

离散方程为

$$X^{(0)}(t) + az^{(t)}(t) = b，\text{其中 } 2 \leqslant t \leqslant n \qquad (3\text{-}13)$$

式中，a 为发展系数；b 为控制系数。通过最小二乘法的推导，可以得出：

$$(a,b)^T = (B^T B)^{-1} B^T Y \qquad (3\text{-}14)$$

其中 B、Y 都是矩阵，定义如下：

$$B = \begin{bmatrix} -Z^{(1)}(2) & 1 \\ -Z^{(1)}(3) & 1 \\ \cdots & \cdots \\ -Z^{(1)}(N) & 1 \end{bmatrix} \qquad Y = [X^{(0)}(2), \cdots, X^{(0)}(n)]^T$$

最后求解，可以得出预测模型的解析表达式：

$$X_P^{(1)}(t) = [X^{(0)}(1) - b/a]\mathrm{e}^{-a(t-1)} + b/a，t \geqslant 1 \qquad (3\text{-}15)$$

从而得到序列的预测值。通过此模型，可以进行后续的城市生活垃圾产生量的预测。

2. MSW 的产生量预测模型构建

以 2011—2015 年的垃圾产生量数据为基础构建灰色预测模型，对垃圾的产生量进行预测。2011—2015 年城市生活垃圾的产生量分别为 634 万 t、648 万 t、671 万 t、733 万 t、790 万 t。

（1）预测模型的建立

2011—2015 年城市生活垃圾产生量的原始 $X^{(0)}(n) = [634, 648, 671, 733, 790]$，通过累加形成数列 $X^{(1)}(n)$。

$$X^{(1)}(1) = X^{(0)}(1) = 634$$
$$X^{(1)}(2) = X^{(0)}(1) + X^{(0)}(2) = 634 + 648 = 1\,282$$

……

$$X^{(1)}(5) = X^{(0)}(1) + X^{(0)}(2) + \cdots + X^{(0)}(5) = 3\,476$$

$$X^{(1)}(n) = [634, 1\,282, 1\,953, 2\,686, 3\,476]$$

将上面的累加序列取均值，得到序列：

$$Z^{(1)}(1) = X^{(1)}(1) = 634$$

$$Z^{(1)}(2) = [X^{(1)}(1) + X^{(1)}(2)] / 2 = 958$$

……

$$Z^{(1)}(5) = [X^{(1)}(1) + X^{(1)}(2) + X^{(1)}(3) + X^{(1)}(4) + X^{(1)}(5)] / 2 = 5\,015.5$$

构建矩阵：

$$B = \begin{bmatrix} -958 & 1 \\ -1\,934.51 \\ -3\,277.51 \\ -5\,015.51 \end{bmatrix} \qquad Y = [648, 671, 733, 790]^T$$

计算系数 a、b：

$$(a,b)^T = (B^T B)^{-1} B^T Y = [a,b]^T = [-0.069\,3, 572.368\,3]^T$$

$$a = -0.069\,3$$

$$b = 572.368\,3$$

$$b / a = -8\,259.282\,8$$

通过求解，可以得出预测模型的解析表达式：

$$\widehat{X^{(1)}(t+1)} = 8\,893.288\,0e^{-0.069\,3t} - 8\,259.282\,8 \qquad (3\text{-}16)$$

从而得到序列的预测值。通过此模型，可以进行以后期间的城市生活垃圾产生量的预测。

（2）精度检验

由城市生活垃圾的灰色预测模型（3-16）计算得出预测值，将预测值与各年度城市生活垃圾产生量的实际值相比，进行精度检验。

采用残差检验，用 $\Delta(t)$ 表示绝对误差，$\Delta(t) = x^{(0)}(t) - \widehat{X^{(0)}(t)}$；用 $\delta^{(t)}$

表示残差，则 $\delta^{(t)} = \dfrac{实际值 - 预测值}{实际值} \times 100\%$。若有较好的精度，则

$\delta^{(t)} < 10\%$。通过表 3.6 可以看出，残差数值都小于 10%，符合精度检验要求，预测数据较准确，模型预测效果较好。

表 3.6　2011—2015 年北京 MSW 预测模型精度检验

年份	2011	2012	2013	2014	2015
实际值	634	648	671	733	790
预测值	634.000 0	638.135 7	683.908 8	732.965 2	785.540 4
绝对误差	0	9.864 3	−12.908 8	0.034 8	404 560
残差/%	0	0.015 2	0.019 2	0.000 0	0.005 6

（3）关联度检验

灰色模型预测的关联度（R）的公式为

$$\gamma(t) = \frac{\left\{ \min \left| X^{(0)}(t) - \widehat{X^{(0)}(t)} \right| + \min \left| X^{(0)}(t) - \widehat{X^{(0)}(t)} \right| \right\}}{\left| X^{(0)}(t) - \widehat{X^{(0)}(t)} \right| + \min \left| X^{(0)}(t) - \widehat{X^{(0)}(t)} \right|} \tag{3-17}$$

$$R = 1 / N \left[\sum_{r=1}^{n} r(t) \right] \tag{3-18}$$

式中，R 为关联度；ε 为分辨系数，取值 0.5；$r(t)$ 为城市生活垃圾实际产生量与模型预测值在（t）年的关联系数；$\min \left| X^{(0)}(t) - \widehat{X^{(0)}(t)} \right|$ 为两数值绝对误差的最小值，$\max \left| X^{(0)}(t) - \widehat{X^{(0)}(t)} \right|$ 为两数值绝对误差的最大值。

通过 METLAB 编程计算，得出 $R = 0.67 > 0.5$，符合灰色模型的关联度要求，模型预测合理。

3. MSW 产生量的预测及分析

通过上文的分析，构建了 MSW 产生量的灰色预测模型 GM(1,1)：

$$\overline{X^{(1)}(t+1)} = 8\,893.288\,0 e^{-0.069\,3t} - 8\,259.282\,8 \qquad (3\text{-}19)$$

将 2011—2015 年数据代入，得出城市生活垃圾产生量的预测值，对比分析城市生活垃圾产生量的预测值和实际值可以得出，具有较好的精度和关联度，可以用该模型预测垃圾产生量，作为城市生活垃圾管理的参考。本书预测了未来 5 年的城市生活垃圾的产生量，由预测值可以看出，未来北京市城市生活垃圾继续呈增长趋势，垃圾产生量不断增加。由表 3.7 可知，在 2020 年之前，生活垃圾清运量逐年提高，而 2020 年实际清运量 797.5.6 万 t，相较于 2019 年的生活垃圾清运量 1 011.2 万 t 减少 21.1%。说明《北京市生活垃圾管理条例》实施后，生活垃圾分类管理取得一定成效。

表 3.7 2016—2022 年北京市 MSW 产生量的预测值

年份	MSW 产生量 预测值/万 t	MSW 清运量 实际值/万 t	MSW 清运量的 实际增长率/%
2016	841.89	872.6	10.4
2017	902.27	924.8	6.0
2018	966.99	975.7	5.5
2019	1 036.35	1 011.2	3.6
2020	1 110.69	797.5	−21.1
2021	1 190.36		
2022	1 275.75		

（五）基于物质流分析北京城市生活垃圾产生及处理状况

物质流分析模型作为一种研究物质流代谢的工具，被广泛用于各种范畴和类型的经济过程物质代谢活动。在宏观层面涉及国家和地区物质流代谢，在中观层面涉及区域、产业物质代谢，在微观层面可以分析产品、元素、材料、污染物等的代谢过程，通过定性和定量相结合，直观描述物质的流量和流向，迁移转化过程以及转化量和转化率等。用物质流代谢模型作为工具，能够较为清晰和全面地分析北京市生活垃圾的产生和处理整体状况。

1. 物质流分析模型

（1）物质流分析基本理论

国外物质流分析研究开始较早，其基本思想可追溯到 19 世纪60 年代。Kneese、Ayres 等的研究为物质流分析框架的形成奠定了基础。Udo deHaes 首次明确提出物质流的概念。物质流分析是产业生态学中的一种重要方法，遵循物质守恒定律，将经济与环境联系起来。物质流分析越来越多地被用来分析有害物质的流动及污染减排措施的有效性、原材料的循环利用效率及废物管理等研究领域。Wernick（1995）在 Ayres 的基础上，针对美国的物质流平衡，提出了国家物质流分析（MFA）基本框架，通过物质流分析计算了原生材料和循环利用材料各占总材料消耗的比例，提出要提高废物的循环利用效率。

城市生活垃圾是城市发展的副产品，是城市物质代谢的最终产物。城市生活垃圾的减量化研究需要梳理垃圾的正向物流和逆向物流，分析垃圾产生的环节、去向和流量，找出各环节的减少垃圾的途径和方法，最终实现城市生活垃圾的全过程减量化。

物质流分析模型的表征如下：

物质输入量=物质输出端+物质储存量

物质输入量=区域内物质提取+进口+隐藏流

物质输出量=区域内物质输出量+出口+隐藏流

物质资产存量可以表示为

$$A_t = B_t \times (1-a) + \mathrm{SS}_0 \times b + \left(\sum_{i=1}^{t} B_i - A_{t-1} \right) b \qquad (3\text{-}20)$$

式中，SS_t 为第 t 年物质的资产存量；A_t 为第 t 年废弃物的产生量；B_t 为第 t 年新投入的物质量；a 为生产和消费过程物质损耗率；b 为物质资产存量的淘汰率。

（2）研究范围界定

①研究范围界定。

对城市生活垃圾进行物质流分析时，首先要界定系统的研究边界。在现有的研究中，界定系统边界包括两个方面：地理边界和逻辑边界。

地理边界及所研究系统的空间位置。现有的物质流分析主要集中在国家层面、区域层面和产业层面 3 个层面。一般以国界线作为国家层面物质流分析的地理边界。对区域层面的研究多以区域边界为地理边界。产业层面则需要具体分析来确定地理边界。本书中北京市城市生活垃圾的物质流分析的地理边界为城六区，即海淀区、朝阳区、东城区、西城区、丰台区和石景山。逻辑边界指所研究系统的具体事物。城市生活垃圾的物质流分析的逻辑边界即城市中生活消费活动所产生的废弃物，包括日常生活和消费活动及为其提供配套服务的活动中产生的垃圾，具体包括居民区、商业区、企事业单位等场所产生的垃圾，道路清扫和交通运输等活动产生的垃圾。建筑垃圾因其物理特性和巨大的产生量需单独处置；医疗垃圾有毒有害，传染性极大，有其特有的危险废物处置方式，这两类垃圾不包括在城市生活垃圾之内。

②垃圾减量管理物质流程梳理。

产生生活垃圾的物质流过程包括 5 个环节：产品生产、消费、废弃、分类回收、再利用和资源化以及无害化处理。全流程垃圾减量化管理把垃圾减量化理念贯穿于生产、消费、废弃的正向物质流全过程，同时，强调逆向物流管理，即由废物分类、回收和资源化构成的资源闭线循环过程的构建和运行，基于物质流过程的垃圾减量化管理流程如图 3.7 所示。

（3）城市生活垃圾物质流分析框架

应用物质流分析方法进行城市生活垃圾物质代谢分析的前提是构建物质流分析框架模型和物质流分析的指标体系，权威的物质流分析框架模型由三大部分组成：系统投入端、经济系统和系统输出端。根据城市生活垃圾的产生量和成分等特点，对传统的物质流分析模型进行修改，得到适合城市生活垃圾物质流分析的模型，如图 3.8 所示。

城市生活垃圾物质代谢框架由物质投入端（material input，MI）、垃圾回收利用系统（waste recycling system，WRS）和物质输出端（material output，MO）三大子系统组成。MI 描述的是 MSW 的产生总量，城市生活垃圾由厨余、灰土、砖瓦、纸类、塑料、织物、玻璃、金属和木竹等组成，垃圾成分复杂，回收利用方式各不相同。WRS 描述了城市生活垃圾的初次处理及再次处理的情况，垃圾产生后小部分被直接回收即一次分拣，大部分垃圾被分类收运即城市生活垃圾清运量。在清运的垃圾中，一部分形成分类回收量，另一部分进入垃圾无害化处理系统处理，最后被填埋、焚烧和堆肥，出现了填埋量、堆肥量和焚烧量。一次回收量和分选回收量进入再生经济系统中被循环利用。MO 即再生产品和能量的输出端，包括可

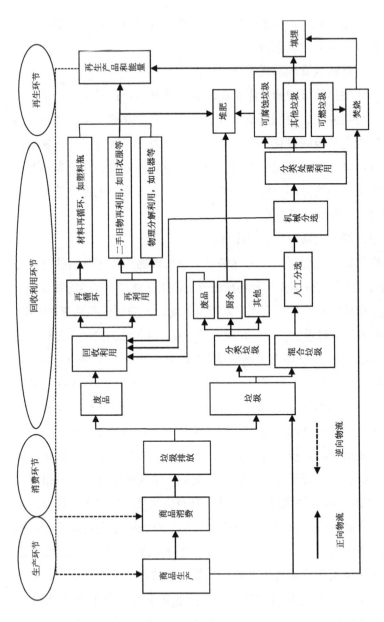

图 3.7 基于物质流过程的垃圾减量化管理流程

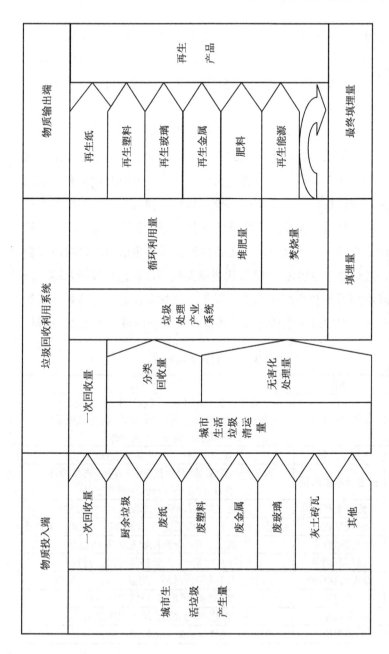

图 3.8　基于物质流分析的 MSW 物质代谢框架模型

回收垃圾，循环利用后生产出的再生纸、再生塑料、再生玻璃和再生金属等材料；堆肥处理后产生肥料；焚烧处理后形成再生能源。经过如图 3.8 所示的垃圾物质代谢系统，城市生活垃圾进行了充分的资源化和无害化处理。

（4）生活垃圾物质流代谢指标体系设定及核算

为了评价生活垃圾物质代谢的效率，建立适当的指标体系，进而全面进行城市生活垃圾的物质流代谢分析。常用的指标有系统投入指标、消耗指标和产出指标。投入指标即物质和能源的总投入；消耗指标即物质代谢系统中物质的消耗、流动和库存量；产出指标指系统输出的再生产品材料、废物排放。城市生活垃圾物质流代谢分析，通过建立 MSW 的物质代谢框架模型，包括物质投入端、垃圾循环利用系统和物质输出端及其相应的物质代谢指标体系。通过综合分析，得出以下生活垃圾物质流代谢指标体系，如表 3.8 所示。

表 3.8 垃圾代谢指标

类别	具体指标	计算表达式
输入指标	垃圾产生总量	垃圾产生总量=厨余垃圾产生量+废纸量+废塑料量+废玻璃量+废金属量+其他垃圾量=垃圾清运量+一次分拣量
输出指标	输出总量	输出总量=再生产品输出+能量
	再生产品输出量	再生产品输出量=再生纸+再生塑料+再生金属+再生玻璃+肥料+其他再生产品
	其他再生产品量	其他再生产品=再生木制品+再生织物
效率指标	垃圾回收率	垃圾回收率=（一次分拣量+分选回收量）/垃圾产生总量
	分选回收率	分选回收率=分选回收量/垃圾清运量
	循环利用量	循环利用量=一次分拣量+分选分拣量
	垃圾再利用率	垃圾再利用率=循环利用量/垃圾产生总量
	堆肥率	堆肥率=堆肥量/垃圾产生总量
	焚烧率	焚烧率=焚烧量/垃圾产生总量
	填埋率	填埋率=填埋量/垃圾产生总量

2. 北京市城市生活垃圾的物质流分析

（1）北京市 2019 年生活垃圾代谢分析

通过以上分析和计算，得出 2019 年北京市 MSW 物质代谢分析图，如图 3.9 所示，为北京市 2019 年生活垃圾代谢分析总体情况和结果。其中，物质投入端为生活垃圾总产出量，包括生活垃圾各个成分类型的产出量和一次回收量。

一次回收量：在生活垃圾产生源头进行分类，垃圾排放量之外的部分为一次排放量。

二次回收量：清运工对垃圾排放量进行分拣，除去垃圾清运量的部分为二次排放量。

2019 年（垃圾强制分类实施前）北京市 MSW 的清运量为 1 011.2 万 t，一次回收量为 283.55 万 t，垃圾产生总量为 1 294.75 万 t，一次分拣率为 21.9%，未被回收利用的占 78.1%，这些垃圾被混装混运，进入垃圾处理系统。其中：

①厨余垃圾占比为 53.22%，总量为 538.16 万 t，占比最大，有 170 万 t 用于堆肥，堆肥率为 31.59%，剩余的 368.16 万 t 的厨余垃圾被填埋或焚烧处理。

②由于经济社会的发展和人们生活方式的改变，城市生活垃圾中废纸和废塑料的占比越来越高，由北京城市管理委员会统计数据得出，2019 年北京市城市生活垃圾清运量中废纸和废塑料的比重分别为 19.6% 和 19.59%，总量分别为 198.20 万 t 和 198.09 万 t，大量的废纸和废塑料混入垃圾中被填埋和焚烧。

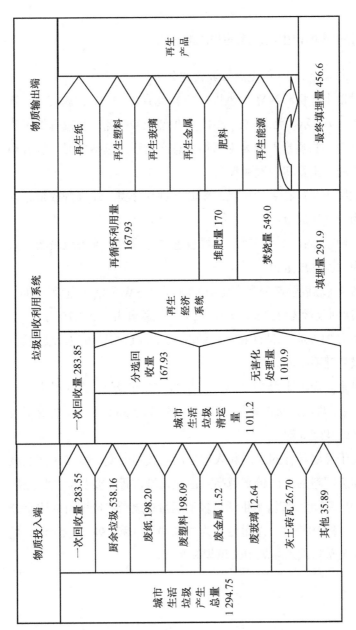

图 3.9 2019 年北京市 MSW 物质代谢分析（单位：万 t）

数据来源：根据中国环境统计年鉴、北京市统计年鉴、北京市城市管理委员会统计资料的数据计算得出。

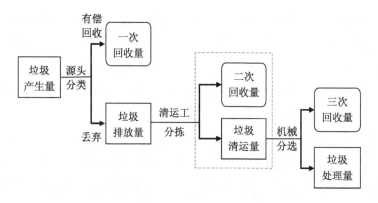

图 3.10 城市生活垃圾数量关系

③在城市生活垃圾清运量中,金属和玻璃的占比分别为 0.15%和 1.25%,总量分别为 1.52 万 t 和 12.64 万 t,所占比例较小,由于金属的回收价值较高,回收利用渠道较多,拾荒者上门回收也较频繁,因此在垃圾清运量中的占比很小,并且由于其物理特性,进入垃圾处理系统后也很容易被分选回收,在垃圾的最终处置中,废金属的比重更小。

④由于收入水平提高,生活能源清洁化转型,灰土砖瓦类垃圾的占比较小,仅为 2.64%,总量为 26.70 万 t;垃圾中的其他废物如织物、木竹等在城市生活垃圾中的占比也较小。

⑤生活垃圾无害化处理量为 1 010.9 万 t,占垃圾清运量的 99.7%,其余 0.03%的被二次分拣,总量为 0.3 万 t,垃圾二次分拣率有所提高。在无害化处理的 1 010.9 万 t 垃圾中,填埋量为 291.9 万 t、焚烧量为 549.0 万 t、堆肥量为 170 万 t,占比分别为 28.88%、54.31%、16.82%,填埋占比较以前有大幅下降,焚烧和堆肥占比均上升,垃圾处理方式渐趋合理。

综合北京城市生活垃圾的物质流分析可见，生活垃圾的分类回收利用有利于减少垃圾的总量，由以上分析可见，北京城市生活垃圾的一次回收和分选回收总量为283.85万t，垃圾回收率为28.07%，其中一次回收量为283.55万t，这是由于我国实行垃圾分类回收政策，对废品回收市场和废品回收企业实行政策支持与鼓励，个体拾荒者数量众多并且分布广泛，使回收利用价值较高的废品在垃圾清运前得以回收；我国垃圾回收利用率低于一些处理水平较高的国家，与德国、新加坡等国家5%以下的填埋率有较大的差距，焚烧和堆肥率等资源化的垃圾所占比重较少，制约了城市生活垃圾的减量化。

目前我国垃圾分类、分选通常有人工和机械两种：

①机械分选。对于产量大、成分复杂的垃圾，采用机械分选设备可以大幅降低作业强度，提高分拣效率。垃圾的分选主要依据垃圾中各个组分的物理性质（如密度、颗粒大小、磁化率和光电性质等）差异和化学性质（如可燃性、易爆性等）的差异，选用适当的技术和设备进行分离。适用于生活垃圾分选的技术中较经济和实用的有粒度分选、气流分选和磁选等技术。

②人工分类收集。目前，我国垃圾机械分选技术与设备的研制还不成熟，主要靠人工分拣实现垃圾的分选，作业强度与难度较大，成为制约垃圾综合处理的一个重要因素。因此，需借鉴国外先进经验，强化垃圾的分类收集。可根据垃圾处理的方法和处理系统设施构成来确定垃圾分类收集的类别。要实现垃圾的分类收集，关键是要强化广大市民的垃圾分类意识，让广大市民参与垃圾分类，以降低垃圾集中人工分选的作业强度。各品类生活垃圾所适用的机械分选技术如表3.9所示。

表3.9　生活垃圾各组成适用的分选技术

当前分选技术	有机物	无机物	塑料	纸类	竹木	纺织物	金属制品
人工分选	适用	适用	适用	适用	适用	适用	适用
粒度分选	适用	适用	适用	适用	适用	适用	适用
气流分选	基本适用	适用	适用	适用	不适用	基本适用	基本适用
弹跳分选	不适用	适用	不适用	不适用	适用	不适用	不适用
磁力分选	不适用	不适用	不适用	不适用	不适用	不适用	适用技术成熟
电力分选	不适用	不适用	适用较昂贵	不适用	不适用	不适用	不适用

（2）基于物质流过程的城市生活垃圾减量系统

在物质流代谢分析框架下，城市生活垃圾减量化涉及生产环节、消费环节、回收利用环节和末端处理环节，是商品生产、消费全过程的资源减量化模式。

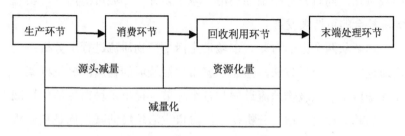

图3.11　始于生产的物质流过程减物质化系统

　　将生产过程和消费环节垃圾产生量的减少称为削减量，即通过源头节约减少垃圾的产生量。垃圾产生之后通过分类、回收利用使最终进入处理环节的垃圾量减少，是垃圾的资源化利用量。垃圾的削减量和资源化量构成了生活垃圾物质流过程的垃圾减量。在生产、消费、回收利用和末端处理全过程，形成城市生活垃圾物质流过程减物质化系统，构造城市生活垃圾全过程减量化的理论模型。

　　结合图 3.7，应用 MSW 物质流过程减物质化系统分析得出：生产环节的减量化包括绿色生产、加工，包括针对厨余垃圾减量的净菜进城等措施，也包括针对纸制品、塑料、金属和玻璃等产品的生态设计、绿色制造、回收循环利用等；消费环节的减量措施包括绿色低碳生活、资源节约、废物分类、回收利用、绿色消费等行为的养成，以及教育、文化、办公、书籍等的数字化和资源共享等模式转型；回收利用环节的资源减量化包括分类回收、循环利用等；末端处理环节的减量化包括垃圾处理方式的合理化，如通过焚烧和堆肥提高垃圾的资源化比例，减少垃圾的最终填埋量等。通过城市生活垃圾的生产环节和消费环节的源头减量、回收环节的资源化和末端处理环节的无害化，系统化减少城市生活垃圾的产生量和最终填埋量，达到节约资源、减少污染的目的，实现城市生活垃圾的全过程减量化，同时充分挖掘和利用"城市森林""城市矿山"，实现经济社会的可持续发展。

　　本章从两个方面对北京市城市生活垃圾物质流进行了分析：一是通过物质流分析方法，建立了城市生活垃圾的物质流分析框架，梳理城市生活垃圾物质流过程和各个环节，提出了城市生活垃圾减量化的基本途径。通过分析得出，城市生活垃圾的减量化是从源头到最终处置环节的全过程的减量化，包含原材料供应、产品生产、消费、回收利用和末端处理各个环节。北京市城市生活垃圾的产生量不断增加，城市生活垃圾中厨余垃圾、废纸和废塑料加起来总量约占 90%，是需要实施垃圾减量化的重要领域。北京市城市生活垃圾的一次分拣率较低，分类回收率和循环利用率正在不断提升，不合理的垃圾末端处理结构和方式正在改进，焚烧和堆肥占比逐步提高。垃圾的减量化是针对不断增长的城市生活垃圾科学处理消纳的重要途径，要建立始于源头的物质流过程生活垃圾减量化体系和机制。充分利用"城市森林""城市矿产"，实现垃圾产生量达峰以及与经济增长的"脱钩"。灰色模型预测城市生活垃圾的产生量结果表明，未来城市生活垃圾产生量将持续增长，2022 年将达到 1 275.75 万 t，北京市城市生活垃圾管理面临巨大压力，充分利用"垃圾资源"具有重要的意义。

四、北京厨余垃圾物质流过程资源减量实证研究

　　食物浪费触目惊心,联合国粮农组织的数据显示,目前全世界仍有 8 亿多人在忍受饥饿和营养不良,而全球范围内,食物在人们消费之前,大约有 1/3 的量在其物质流各个过程被损失或浪费。2018 年,世界自然基金会与中国科学院地理科学与资源研究所联合发布的《中国城市餐饮食物浪费报告》,对我国城市餐饮消费领域(包括餐馆和食堂等)的食物浪费现象、驱动因素等进行深入研究和分析,其中对 4 个城市(北京、上海、成都和拉萨)餐饮业调查的统计结果显示,人均食物浪费量约为每餐每人 93 g,浪费率为 11.7%。人均食物浪费量因城市、餐馆类型、就餐目的等因素的不同而存在显著差异。除就餐中的浪费外,粮食在生产、流通和加工环节也有耗损现象。据联合国粮农组织发布的《2019 世界粮食及农业状况》,在全球范围内,从收获到零售阶段的粮食损失约占粮食产量的 14%。数据显示,中国每年生产的粮食中有 35% 被浪费,在粮食生产、流通、加工、消费等过程都存在大量浪费现象。每年仅在粮食储存、运输和加工环节造成的损失浪费就高达 350 亿 kg,接近我国粮食总产量的 6%;消费环节的损失浪费更是触目惊心,据有关专家估算,我国每年在餐桌上浪费的食物约合 2 000 亿元,相当于 2 亿多人一年的口粮。损耗已成为影响我国粮食安全的重要因素。

　　我国粮食供求处于紧平衡状态,近年来粮食进口量持续增加,

每年进口的谷物和大豆在 500 亿 kg 以上，而每年又白白地损失浪费大量粮食。粮食损失浪费如不坚决遏制，不仅有可能加剧国内粮食供需矛盾，也与全球资源供需形势格格不入。节约粮食、反对浪费，不仅有利于保障国家粮食安全，也有利于改善全球粮食供求。解决粮食浪费问题已上升到国家战略层面。

对于由于食物浪费产生的垃圾，在《北京市生活垃圾管理条例》实施以前，通常将餐饮业（如饭店、餐厅、食堂等）产生的厨余垃圾通称为"餐厨垃圾"，而居民家庭餐饮产生的实物类垃圾则称为"厨余垃圾"。在条例实施以后北京市城市管理委员会将餐饮业和居民产生的厨余垃圾统一称为"厨余垃圾"。因此，本书统一称为厨余垃圾。

减少粮食与食物浪费和促进厨余垃圾减量属于同一个问题的两个侧面。厨余垃圾是生活垃圾的重要组分，根据天津大学环境工程学院等研究机构联合发布的《国内外餐厨垃圾处理状况概述》，我国厨余垃圾占城市生活垃圾的 37%～62%。其中含有大量油脂、有机质，营养丰富热量高，理论上 90%以上可以回收资源化利用，多年来其资源利用率在 10%上下徘徊，垃圾分类实施后厨余垃圾分类回收率提升明显，厨余垃圾减量潜力巨大。运用绿色供应链和生命周期资源减量管理的思想，需在食物物质流全过程实现对厨余垃圾过程减量化系统管理，并提高相应的处理能力，能够较大幅度缓解生活垃圾处理压力（减少一半以上的城市生活垃圾）。厨余垃圾不当处理（如混合在其他垃圾中填埋和焚烧）不仅浪费大量有用的资源和能源，而且会污染水源、导致病菌滋生、腐蚀垃圾处理设施等诸多问题。传统的城市生活垃圾管理方式难以有效解决当下垃圾增长对城市管理和可持续发展带来的挑战，推动厨余垃圾物质流过程减量管理，体现避免产生优先、全过程减量控制和系统资源管理原则，对于破解城市垃圾末端治理困境，提升首都生态价值、完善城市功能具有重要意义。

（一）厨余垃圾研究和管理的背景和概况

厨余垃圾产生贯穿于食物生命周期，从农田到加工、消费、废弃、回收处理资源化过程，覆盖零售业、家庭消费和餐饮业。在发达国家，42%的食物垃圾产生于家庭消费，39%的食物损失于有关的加工业，14%损耗在服务过程中，5%损失于零售和配送环节。食物供应链上的大量浪费，涉及资源、环境和经济问题。据估算，每浪费 1 t 食物，约排放 2 tCO$_2$。

北京食物浪费问题严峻。随着生活垃圾产生量逐年递增，占生活垃圾约 60%的厨余垃圾总量增长势头强劲。在实施强制垃圾分类前的 2019 年，餐馆、食堂产生的厨余垃圾 94.9 万 t（约 0.26 万 t/d），回收处理 28.2 万 t，居民厨余和餐饮业餐厨垃圾产生量之和（565.2 万 t）占当年全部生活垃圾的 64.8%，总回收处理率仅约 6.6%，未计算物流、仓储和销售过程的食物浪费。餐饮业餐厨垃圾虽然只占总食物垃圾产生量的 16.8%，回收力度却较大，回收率达 10%，占厨余垃圾总量 83.2%的居民厨余垃圾分类回收只占其产生量的 6%，仍是短板。2021 年 4 月 28 日，北京市城市管理委员会组织召开了《北京市生活垃圾管理条例》实施一周年新闻发布会。发布会报告，截至 2021 年 4 月全市家庭厨余垃圾分出量 3 878 t/d，比条例实施前增长了 11.6 倍，家庭厨余垃圾分出率从条例实施前的 1.41%提高并稳定在 20% 左右，餐饮单位厨余垃圾分出量 1 795 t/d，厨余垃圾分类处理总量达到 5 673 t/d，厨余垃圾存在巨大的减排潜力，若所有的厨余垃圾均能实现资源化，减少碳排放潜力最大可以达到 2 070.6 万 t CO$_2$。

近年来，北京市政府年均投入生活垃圾处理费超百亿元，城市垃圾急需大幅减量化处理，减少不断增加的处理成本和环境污染风险。厨余垃圾由于具有水分、油分较多的特点，与其他垃圾混合焚烧处理会加大前期烘干渗滤液处理和焚烧成本、腐蚀损害处理实施；与其他生活垃圾混合填埋处理易造成二次污染，产生难以处理的渗滤液、沼气泄漏与细菌滋生，提高厨余垃圾科学分类和资源化水平，是节约资源、减少污染和降低处理成本的必然选择。

1. 对厨余垃圾进行物质流过程减量研究和管理具有重要意义

目前，国内外学者对城市生活垃圾管理的研究颇丰，垃圾减量研究多关注于末端分类回收管理，厨余垃圾减量研究有针对消费心理和行为的，也有着重对现有垃圾收费制度作用的。代表性研究有：王攀等采取问卷调查方式研究消费阶段青岛市厨余垃圾产生状况，并分析了厨余垃圾组分特点，为厨余垃圾资源化提供参考；刘爱军等对南京主城区消费者进行问卷调查，发现消费心理与垃圾减量行为的内在关系，并对南京市餐饮业提出建议；詹爱萍就厨余垃圾组分特点和物理特性，通过实验证明先厌氧后好氧两种处理方式对垃圾资源化的不同效果，得出相关技术要求；王挺基于清洁生产和循环经济原则，初步提出需对生产环节的包装进行控制，并重视流通消费环节，倡导绿色消费的观点；陈冠华等在对生活垃圾产量预测的基础上，构建了生活垃圾管理效益评价指标体系，并将北京与荷兰、德国进行比较，从而为北京市垃圾管理提出建议；杜倩倩等研究计量收费对垃圾减量化的影响，分析了计量收费对实施主体行为的作用以及相应的管理成本等，得出计量收费是垃圾减量化必要前提的结论。

对食物浪费的研究也正在成为热点。总体上，对于食物生产、流通环节的浪费问题研究较多，而对于后端消费产生的食物垃圾研究，多集中在厨余垃圾回收和处理领域，较少考虑整个食物流全过程的系统资源减量和垃圾控制。研究表明：在生产、储运分销、加工等前端过程，食物损耗占总食物垃圾产生量的 25%～35%，食物消费是厨余垃圾产生的重要原因，也是垃圾减量控制的重点。食物的消费过程包括食物采购、加工、烹饪、食用 4 个环节，从研究的关注度来看，针对就餐消费阶段的食物浪费和厨余垃圾回收环节垃圾回收治理的研究较多，而且主要研究对象是家庭和餐饮服务行业，基于物质流生命周期理论分析，将前端的食物生产、加工、储运、分销过程的食物浪费和消费阶段厨余垃圾产生、收集回收、资源化过程有机结合，形成整体物质流过程垃圾减量研究的成果还很少。

基于物质流生命周期管理的视角，对城市垃圾减量管理模式进行实证研究，首先需要对研究系统和有关概念进行界定，将原来的以末端处理为主要研究视角的城市生活垃圾管理系统拓展为从生产开始，贯穿物质流全过程的资源减量管理系统，重新界定厨余垃圾管理的研究范畴和管理系统，拓展研究视角，分别从宏观、微观角度出发，研究宏观管理手段与微观主体行为的协同性，进行厨余垃圾物质流过程管理与行为缺口的识别分析；然后从宏观层面研究构建厨余垃圾减量管理体系，提出基于提升管理与主体行为协同性的思想，构建厨余垃圾物质流过程减量措施。

建立基于物质流的城市垃圾减量管理模式，可以提高生活垃圾减量管理的效率和物质流系统的资源效率，通过梳理生活垃圾减量管理相关法规措施，并识别管理缺口，提出提高社会公众参与垃圾减量、回收参与度的对策；并讨论物质流过程城市厨余垃圾减量的综合效益，体现社会效益、经济效益、环境效益相统一的理念。

2. 国内外厨余垃圾管理现状

（1）国外厨余垃圾管理现状

世界上许多国家已经建立了完善的法律制度。美国发布《固体废物污染防治法》强制性要求包括厨余垃圾在内的固体废物进行分类收集，这一措施使美国厨余垃圾的科学有效处置有了法律保障。此外考虑到餐厨垃圾的资源化问题，美国环保局实施了"二次收获"工程、"篮"工程以及食物储藏网络工程。这些政策的制定与实施解决了部分饥饿人口的饮食和垃圾资源化问题，并将厨余垃圾进行处理，经动物健康委员会许可后作为动物饲料二次利用。日本颁布实施了《餐厨废物再生法》和《食品废弃物循环法》。这两项法规对食物垃圾的削减以及利用进行制度化规定，此外《食品回收处理法》规定了对厨余垃圾处理各个环节的任务。韩国食物垃圾管理实行从源头到回收整个过程都不放松的原则，采取在末端环节逐渐引入民间资本的方式对食物垃圾进行处理，并开展各项食物垃圾减量的社会活动，还专门成立了食物废弃物管理委员会。另外，英国、挪威等都针对食物垃圾减量化管理制定了相关的法律法规，这些国家的法规大都在结合自身实际情况的前提下采用政府和民间相结合的方式对厨余垃圾进行管理。

（2）国内厨余垃圾法规和管理现状

在立法方面，我国的生活垃圾管理以《中华人民共和国固体废物污染环境防治法》为基础，先后出台了《城市生活垃圾管理办法》《中华人民共和国循环经济促进法》《再生资源回收管理办法》《关于组织开展城市餐厨废弃物资源化利用和无害化处理试点工作的通知》《餐饮业经营管理办法（试行）》等。2011年5月财政部与国家发展改革委印发《循环经济发展专项资金支持餐厨废弃物资源化利用和无害化处理试点城市建设实施方案》，2011—2015 年国家发展改革委公布的餐厨垃圾处理试点城市（区）已达 100 个，覆盖了 32 个省级行政区。据不完全统计，100 个试点城市（区）中已有 62 个城市（区）专门制定和实施了餐厨垃圾管理办法或条例，10 个城市（区）出台了餐厨垃圾管理实施细则或实施方案，已出台餐厨垃圾管理相关规定的城市占比为 83%，厨余垃圾专项收运、无害化处理和资源化利用在法规层面的大氛围已基本形成。但目前食物类垃圾管理仍主要关注末端处理环节，消费及前端的过程管理薄弱，避免食物浪费和减少垃圾产生相融的系统管理思想未得到充分体现，厨余垃圾回收资源化率相对较低。

当前生活垃圾管理注重垃圾分类、垃圾污染治理、环保宣传教育以及营造环保氛围方面，垃圾资源减量管理有原则性的规定，缺乏实施细则，执行力度相对较弱，长效动力机制薄弱；对于食物流过程资源浪费的管理控制较薄弱；厨余垃圾处理能力和需处理量之间仍存在缺口，部分厨余垃圾还是与生活垃圾一起填埋或焚烧处理，资源化不够充分；伴随庞大的食物浪费和大量厨余垃圾产生带来的资源浪费、环境污染压力等社会问题，迫切需要更系统的垃圾减量管理视角，控制物质流过程垃圾产生总量，最大限度地减少各类食物垃圾及食物资源浪费。

物质流过程生命周期的垃圾减量管理，目的是在供应链前端和过程尽可能避免垃圾产生，体现减量优先的原则，将原来以末端处理为特征的生活废弃物管理体系向前延伸，形成贯穿生产、分销、消费、废弃回收等物质流全过程的生活垃圾减量管理系统，实现系统垃圾减量控制管理。

3. 北京市食物物质流管理现状

（1）北京市厨余垃圾处理概况

根据北京市相关统计年鉴和北京市城市管理委员会在《北京市生活垃圾管理条例》实施情况新闻发布会上的介绍，2020 年北京市厨余垃圾分出量 4 248 t/d，厨余垃圾分出率 21.78%，加上餐饮服务单位厨余垃圾 1 861 t/d，厨余垃圾总体分出量达到 6 109 t/d。虽然条例将原有的居民家庭产生的厨余垃圾，与餐饮单位、党政机关、学校、企事业单位食堂产生的餐厨垃圾统一改称为"厨余垃圾"，但由于两类垃圾处理工艺不同，目前厨余垃圾和餐厨垃圾在运输和处理时仍分开进行：针对家庭产生的厨余垃圾，目前主要采用直收直运和暂存转运的模式，运往全市 9 座家庭厨余垃圾处理设施，总设计处理能力为 5 750 t/d。餐饮服务单位产生的餐厨垃圾主要采用直运模式，由有资质的收运单位使用专业车辆上门巡回收集，直接运至 14 座处理设施，总设计处理能力为 2 380 t/d。

北京市不断增加专门处理设施与就地处理设施建设投入。2013—2015 年，在西城、昌平等地建设了 30 个厨余垃圾就地处理站并投入运行，总处理能力约 40 t/d，并于 2015 年在 128 个中央和国家机关建设餐厨垃圾就地处理设备。据估算，每天有 70 余 t 餐厨垃圾不用运出机关大院，就能够进行无害化处理。据北京市城市管理委员会固体废物处统计，全市现有 10 座餐厨垃圾处理站，海淀、丰台、通州、石景山、顺义已规划了 5 座餐厨垃圾处理厂，设计处理能力达到 1 500 t/d，以满足对餐厨垃圾的处理需要。与此同时，海淀、丰台、通州、门头沟的餐厨垃圾处理厂已陆续开工建设，设计日处理能力分别为 400 t、300 t、300 t 和 100 t。到 2017 年年底，全市餐厨垃圾日处理能力基本达到 2 800 t 左右。全市累计建成分类驿站

1 275 座,达标改造固定桶站 6.32 万个,涂装垃圾运输车辆 3 945 辆,改造提升密闭式清洁站 805 座。分类设施建设管理达标率由 2020 年 5 月的 7%上升至年底的 88.8%。生活垃圾处理能力 3.38 万 t/d,其中,生化能力达到 8 230 t/d,基本满足分类处理需求。

（2）北京市厨余垃圾管理现状

①北京市厨余垃圾减量管理法规现状。我国政府对生活垃圾处理越来越重视。在立法方面,我国生活垃圾以《循环经济促进法》为基础,又制定一部废弃物回收利用的综合性法律——《废弃物回收利用法》。2019 年修订《北京市生活垃圾管理条例》并于 2020 年 5 月 1 日开始实施,垃圾分类主要采取四分法,即分出厨余垃圾、可回收垃圾、危险废物和其他垃圾,其中初期主要强调干湿分离,即分出厨余垃圾。垃圾分类实施以来,厨余垃圾分出率显著提高。法规方面有银川、西宁、苏州、上海、石家庄等一些城市颁布地方性的厨余垃圾管理条例,北京于 2006 年发布并实施了《北京市餐厨垃圾收集运输处理管理办法》。

②北京市餐饮业厨余垃圾管理现状。北京市生活垃圾无害化处理率在全国处于前列,而厨余类垃圾分类、源头减量和资源化依然需要加强。

餐饮业厨余垃圾是指从事餐饮经营活动的企业和机关、部队、学校等单位或集体的餐厅、食堂在食品加工、饮食服务、单位供餐等活动中产生的废弃食物残渣和垃圾等。厨余垃圾容易腐烂变质,产生恶臭和大量渗滤液,如处理不当,会影响城市环境卫生和食品安全,所以厨余垃圾规范管理一直是垃圾管理中的重点及难点。截至 2020 年,北京市具有合法经营资质且产生厨余垃圾的餐饮服务单位共 5.3 万余家,厨余垃圾的收集运输主要采用直运模式,由有资质的收运单位使用专业车辆上门巡回收集,直接运至 14 座处理设施,总设计处理能力 2 380 t/d。虽然大部分餐饮单位管理者都对厨余垃圾的污染有所了解，但自觉建立完善的厨余垃圾管理制度，自觉实施垃圾分类回收方面的工作仍需要加强。市政府正在结合生活垃圾分类工作统筹推进厨余垃圾分类回收规范管理，市场监督管理和城管执法等部门严控餐饮单位厨余垃圾排放和流向，城市管理部门负责厨余垃圾规范收运和处理工作，各区落实属地总责任，建立台账，将具有合法经营资质且产生厨余垃圾的餐饮单位全部纳入台账管理，截至 2018 年 7 月底，北京市纳入基础台账的餐饮单位共计 4.5 万余家。加强监督管理，督促餐饮单位与北京环卫集团、区级环卫中心等有资质的收运单位签订厨余垃圾收运服务合同，明确厨余垃圾的处理去向。厨余垃圾专业运输车辆从 2017 年的 200 多辆增加到 2018 年的 720 余辆，较 2017 年年初增长 260%。2018 年 1—7 月，厨余垃圾清运处理量达到 22.9 万 t，较 2017 年同期增长 139%。2017 年增加 400 t/d 处理能力，2018 年年底再新增 830 t/d，总能力达到 2180 t/d，基本满足厨余垃圾处理需求。北京市城市管理委员会正在开展"北京市厨余垃圾规范管理监督管理办法"制定的前期研究工作，将为修订《北京市生活垃圾管理条例》奠定基础，从而促进建立长效管理机制。

北京市社区公众普遍关注垃圾分类的必要性，绿色价值观和环境意识大幅提升，然而责任意识仍需强化，存在行动力较弱现象。当前厨余垃圾减量管理还存在缺乏实施细则、长效动力机制不足，厨余垃圾管理仍集中关注末端分类处理等突出问题，尚未形成源头资源节约、物质流全过程避免垃圾产生的管理格局。

（二）厨余垃圾物质流过程减量模式相关概念和系统界定

1. 基本依据和原理

借鉴绿色供应链、物质流代谢以及生命周期理论的基本思想原理：将物质流过程系统资源减量概念贯穿物质资源在经济系统流动的整个过程，从原材料的采购、加工生产、仓储、运输、消费使用到回收利用和处理处置，按照"6R"原则，最大限度地实现资源减量化和全过程资源利用率提高。

2. 研究系统范畴的界定

（1）食物物质流全过程垃圾减量系统的界定

依据避免产生优先的原则，按照过程控制理论，体现全过程资源减量化管理的思想，将城市厨余垃圾管理系统以食物资源的流动路径为主线，重新界定食物资源流动全生命周期减量化管理系统，该系统包括生产协作系统和垃圾回收处理系统两大部分，并以系统流程中各个过程环节都符合绿色、资源减量原则，且体现总体优化为管理目标和宗旨。食物资源减物质化管理系统（图4.1）除了食品生产、分销储运环节，还包含食品消费、排放、回收处理、资源化环节，在这个研究体系中，理论上食物物质流系统由传统的"农田到餐桌的过程"转变为"农田—食材—采购加工—厨余垃圾—再生资源"的过程。

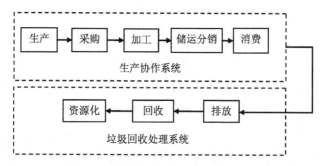

图 4.1 食品资源物质流链条及减量化系统流程

（2）厨余垃圾减量重点过程分析

全世界每年生产的食物约有 13 亿 t 未得到有效利用。从总量上分析，食物浪费大多发生在消费阶段，尤其是在发达国家及地区这一现象更为严重。Gustavsson J 等研究表明，就食品物质流过程而言，欧洲、北美以及工业化的亚洲国家在其消费阶段的浪费比重均达 30%以上；Lipinski B 等研究发现，从食物能耗来看，消费阶段损失和浪费的食物能量占总损耗量的 35%，而欧洲和北美地区食物能量损失和浪费占比可达到 50%；Kummu M 等研究发现，食品消费阶段的浪费造成了严重的经济和环境代价。国内学者胡越等研究发现，我国每年在消费阶段浪费的蛋白质和脂肪分别为 800 万 t 和 300 万 t，相当于 2 亿多人的口粮，食物浪费总量为 1.2 亿 t，占国内产量的 8.5%。

消费阶段是产生食物垃圾的重要环节。消费者或者餐饮业管理者都经历采购、加工食物、消费（食用）、排放和分类回收的过程，每个环节都会产生食物浪费和损耗，因此，在每个阶段都需要有相应的资源减量管理措施。基于源头控制和过程减量的理念，本书将食物消费及其之后的废弃排放、回收等资源流程界定为厨余垃圾减量管理与行为的研究系统范畴，涉及采购、加工制备、食用、排放回收各个环节（图 4.2）。

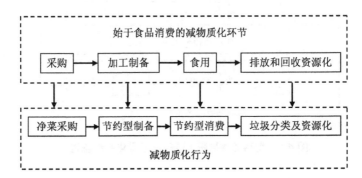

图 4.2   始于消费的厨余垃圾减物质化系统

（三）厨余垃圾过程资源减量管理相关概念和指标

1. 厨余垃圾的来源构成

厨余垃圾在其生命周期过程各个环节都可产生，因此，对物质流过程或者整个供应链系统而言，厨余垃圾的产生有多种不同的来源，如图 4.3 所示。

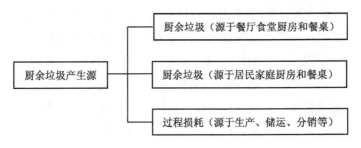

图 4.3   厨余类垃圾及来源构成

①餐饮业厨余垃圾。餐馆、饭店、企事业单位和学校食堂产生和排放的厨余垃圾，是在食物加工和食用过程产生的厨余垃圾。

②居民生活厨余垃圾。居民生活产生和排放的厨余垃圾，来自居民厨房食物加工过程和餐桌消费食用产生的垃圾。

③过程食物垃圾。消费前端的食品生产加工业、仓储物流和食品销售环节食物损耗，即所排放的废弃食物。

2. 厨余垃圾过程减量管理模式与行为相关概念

在厨余垃圾产生的过程中，所涉及各个主体（如政府、企业、居民等）都起着重要作用。所以，推动城市厨余垃圾全过程的减量，须提高城市主体参与资源减量、保护环境的积极性和行动力。各类主体表现出的外在行为，是以微观主体内在的环境意识和对节约资源、垃圾减量、保护环境的综合感知度为基础的。研究从食物采购、消费到食物垃圾产生整个过程的各环节及过程所涉及的相关主体，揭示在食品消费物质流过程中各主体的资源减量、环境保护认识和感知程度，从而研究外部监督管理、基础设施等手段内化为微观主体对全过程资源减量、减排、资源回收循环管理从认知、态度到行为转化的内在规律，为推动全过程垃圾减量管理模式的形成提供科学依据。

（1）全过程资源减量概念

源头减量是垃圾治理的优先原则，减少食物垃圾处理总量成为厨余垃圾治理的重要目标之一。食物供应链各个环节都会产生食物损耗和浪费，物质流全过程减量模式研究的目的就是尽可能避免全过程食物损耗和垃圾的产生，实现过程系统资源减量化，从而减少食物浪费以及末端污染和垃圾处理压力。贯穿物质生命周期过程的减物质化，包括食品生产阶段的资源节约以及大力扶植净菜产业；提升分销储运阶段的冷链运输条件和储藏条件；排放处理阶段的分类回收和资源化，都是需要完善的减量措施，其中节约型食物加工制备、净菜产业、净菜消费等都是消费前食物资源减量重要措施。

（2）绿色感知度的概念和绿色感知强度指数

环境感知是人们实施环境行为的心理基础，是环境友好行为的前提。城市主体对食物垃圾减量的感知程度是指人们对食物节约、厨余垃圾减量（包括资源化利用）状况的综合认知和感受状态，准确地测度这种绿色感知度是科学了解掌握公众实施厨余垃圾减量行为的心理基础的前提，也是正确引导公众行为绿色转变的基础和依据。为了考量城市公众在食物消费的物质流过程中对厨余垃圾减量的综合感知状况，参考环境感知等概念，作出如下定义。

①食物消费减物质化绿色感知度：城市公众等主体受内部心理认知和意识因素以及外在管理和设施因素的综合影响产生对厨余垃圾减量管理的一种感受状态。内部心理认知因素包括绿色价值观、环境问题关注度（认知）、减物质化意愿（态度）。

②绿色感知强度指数。本研究采用赋值法、均值法并进行归一化测量表征绿色感知强度指数，采用量表对指标分等级赋值，将各指标赋值加和平均和归一化后得到该类型的减物质化感知强度指数。测度量表见附录2；如附录2所示绿色感知度赋值范围为3，因此绿色感知强度指数如式（4-1）所示：

$$E = \frac{1}{n}\sum_{i=1}^{n}\frac{e_i}{3} \qquad (4-1)$$

式中，e_i 为第 i 个主体的绿色感知度均值；n 为该类主体人数；E 为该类主体绿色感知强度指数。

（3）垃圾减量行为和减量行为绿色强度指数

①垃圾减量行为：在食品消费的物质流过程中，有利于减少厨余垃圾排放的行为称为绿色垃圾减量行为。本书根据每个环节不同特点，共设定 4 种减物质化行为类型，分别是：采购环节基于减物质考虑的采购行为，如购买净菜；加工阶段的节约型制备行为；就餐消费阶段的减少剩饭菜和垃圾排放行为；资源回收阶段的垃圾分类回收和厨余垃圾资源化行为。

②垃圾减量行为绿色强度指数。为了研究减物质化行为方式，本书借鉴生计多样化指数，提出了垃圾减量行为绿色强度指数，即采取将个体实施的所有资源减量活动频次数量进行赋值并加和、求均值归一化处理。同上，赋值范围为 4，提出减量行为绿色强度指数公式如式（4-2）所示。

$$D = \frac{1}{n}\sum_{i=1}^{n}\frac{d_i}{4} \qquad (4\text{-}2)$$

式中，d_i 为第 i 个主体的实施减量行为数量；n 为该类主体人数；D 为该类主体的减量行为绿色强度指数。

强度值在 0~1，越接近于 1 强度越强，越接近于 0 则强度越弱。若资源减量感知强度指标值大于绿色行为指数强度值，则表示减量行为滞后于感知度水平。

（4）食物垃圾物质流过程减量管理—感知—行为缺口的界定和分析

垃圾分类回收管理与主体行为缺乏协同性，即管理与行为的脱节是制约垃圾管理效率的重要原因。因此，基于管理与行为协同视角，结合实地调研分析，研究从环境管理到环境感知、再从环境感知到环境行为之间是否存在缺口现象，并进行界定分析十分必要。这就是本书所提出的垃圾减量化管理核心问题及分析切入点所在。

3. 主要思路和方法

（1）研究思路

传统生活垃圾管理模式未能充分体现减量优先和过程控制理念，并且管理与行为协同性较弱，成为制约生活垃圾管理效率和城市行为主体实施垃圾减量行为的重要原因。本研究提出从宏观、微观两个视角研究管理与行为协同性。

①重新界定食物物质流过程资源减量系统研究范畴，提出厨余垃圾减量感知度、减量行为绿色强度指数等概念。

②结合管理与行为协同的视角：构建城市主体厨余垃圾管理—感知—行为指标体系，通过管理和基础设施（外界影响因素）—感知（内在心理认知因素）—行为逻辑链分析、绿色感知强度指数与减量行为强度指数的相关性分析，研究生活垃圾管理与城市主体认知、态度、行为的对应性规律，识别厨余垃圾减量管理—感知—行为缺口。

③宏观层面，基于食物物质流系统，界定相应的管理流概念范畴，通过构建食物流过程垃圾减量管理体系，梳理厨余垃圾减量管理系统、管理清单，进行管理缺口识别，最后完成管理矩阵的构建。

（2）研究方法

①问卷调查。食物垃圾减量化研究的行为主体：针对北京市社区居民、餐饮业、食堂三大主要类型，进行问卷调查，并运用SPSS进行数据分析整理。

②统计学分析方法。使用方差分析法分析不同主体关于厨余垃圾减量指标的显著性差异，再通过多元回归分析法研究绿色感知强度与绿色行为强度的相关性及其作用规律，为生活垃圾实现基于物质流过程的减量化管理提供科学依据。

③管理矩阵法。通过梳理管理清单、管理流系统，用管理矩阵法，完善基于物质流过程的垃圾减量管理体系。

主要技术路线如图 4.4 所示。

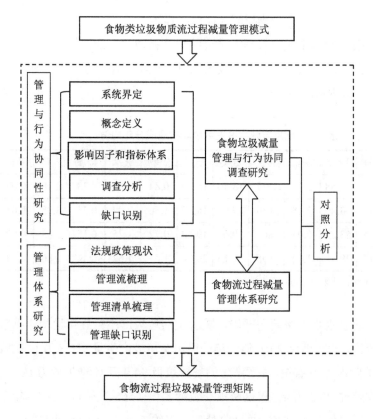

图 4.4 厨余垃圾过程减量研究路线

（四）北京市厨余垃圾物质流过程减量实证研究

1. 北京市食物物质流代谢概况描述分析

（1）北京市食物物质流代谢概况描述

根据北京市城市管理委员会统计分析数据，居民厨余垃圾在北京城市生活垃圾中一直占有较大比重，近年均保持在 40%～60%，如表 4.1 所示。

表 4.1　北京市城六区生活垃圾物理成分年均值　　　　单位：湿基%

年份	厨余	灰土	砖瓦	纸类	塑料	织物	玻璃	金属	木竹	其他
2013	54.58	2.29	0.77	18.40	18.20	0.84	1.88	0.23	2.78	0.03
2014	53.89	2.15	0.59	17.67	18.70	1.56	2.07	0.25	3.08	0.05
2015	53.22	2.04	0.60	19.60	19.59	0.72	1.25	0.15	2.83	0.00
2017	49.41	1.62	0.98	21.16	20.98	1.09	1.52	0.34	2.86	0.04

数据来源：北京市城市管理委员会。

北京食物浪费问题严峻。随着生活垃圾产生量逐年递增，据官方统计，北京市仅 2016 年一年居民厨余垃圾产生量 470.3 万 t，回收处理 9.38 万 t；餐馆、食堂产生的餐厨垃圾 94.9 万 t（约 0.26 万 t/d），回收处理 28.2 万 t，仅这两项产生量之和（565.2 万 t）就占当年全部生活垃圾的 64.8%，总回收处理率仅约 6.6%，还没有计算物流、仓储和销售过程的食物浪费。餐饮业产生的厨余垃圾虽然只占总厨余垃圾产生量的 16.8%，回收力度却相对较大，回收率达 10%，占厨余垃圾总量 83.2% 的居民厨余垃圾分类回收只占其产生量的 6%，仍是短板。自《北京市生活垃圾管理条例》实施以来，居民生活厨余垃圾分出率不断提高, 北京市城市管理委员会发布, 到 2021 年 1 月, 厨余垃圾分出率已达 21.78%, 但北京市厨余垃圾还存在巨大的潜力, 若所有厨余垃圾均能够回收资源化, 减排 CO_2 潜力约为 1 130 万 t。如图 4.5 所示。

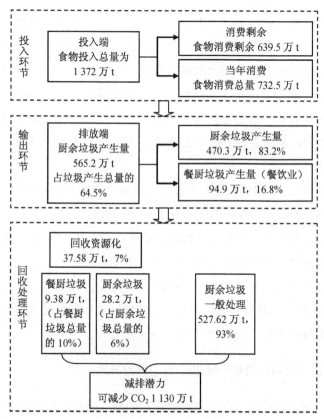

图 4.5　2016 年北京市食物消费代谢流程

数据来源：北京市统计年鉴和北京市城市管理委员会。

（2）北京市厨余垃圾管理现状

新版《北京市生活垃圾管理条例》将原有的居民家庭产生的厨余垃圾与餐饮单位、党政机关、学校、企事业单位等食堂产生的餐厨垃圾统一改称为"厨余垃圾"，但由于两类垃圾处理工艺不同，目前厨余垃圾和餐厨垃圾在运输和处理时仍分开进行。针对家庭产生的厨余垃圾，运往全市 9 座家庭厨余垃圾处理设施，总设计处理能力 5 750 t/d。餐饮服务单位产生的餐厨垃圾处理方面，由有资质的收运单位使用专业车辆上门巡回收集，直接运至 14 座处理设施，总设计处理能力 2 380 t/d（条例实施一个月后的情况）。可见，北京市餐厨垃圾管理能力近几年提升较快，但处理能力不足与回收不力的问题仍然同时并存。截至 2020 年年底，北京市厨余垃圾分出率达到了 21.78%。

2021 年 4 月 28 日，北京市城市管理委员会在《北京市生活垃圾管理条例》实施一周年新闻发布会上介绍，截至 2021 年 4 月全市家庭厨余垃圾分出量 3 878 t/d，比条例实施前增长了 11.6 倍，家庭厨余垃圾分出率从条例实施前的 1.41% 提高并稳定在 20% 左右，餐饮单位厨余垃圾分出量 1 795 t/d，厨余垃圾总量达到 5 673 t/d，资源化水平达到 95%。若所有的厨余垃圾均能通过最佳处理模式实现资源化，碳排放潜力最大可以达到 947.6 $kgCO_2/t$。

2. 食物物质流管理—感知—行为调查分析

（1）量表设计及绿色感知强度影响因素（指标）构成说明

借鉴以往关于生计指数的研究成果，采取实地调研和赋值法，提出厨余垃圾减量绿色感知强度和行为绿色强度指标，是对以往城市垃圾管理研究方法的创新。

基于食物消费流程的采购、加工、就餐、分类回收 4 个流程环节，按照公众绿色感知强度的五个维度，构建垃圾减量绿色感知强度影响因素指标体系（表4.2）。进而，立足对城市三大类主要消费场景下的主体（居民家庭、餐饮业消费、大型单位食堂）厨余垃圾减量绿色感知度调查，构建绿色感知度量表，并对量表进行等级赋值；基于消费流程四个环节定义各环节减量行为，并进行调查及数据处理。

表4.2　始于消费的食物物质流全过程垃圾减量绿色感知度影响因素

影响因素类型	指标维度	物质流过程中的环节及影响因素			
		采购	加工	就餐	回收
外部因素	减物质化管理	宣传教育；法规、管理措施			
	设施完善	净食品采购便利性	厨房设施；餐厨制备储藏条件	分类垃圾桶	垃圾分类处理设施完善程度
内部因素（心理认知）	绿色价值观念	绿色采购意识	节约意识	减少残剩饭菜和减量认识	垃圾分类认可程度
	减物质化意愿和态度	净食品（净菜等）采购态度	食物节约态度	食物垃圾减量态度	食物垃圾分类态度
	环境保护关注度	对食物垃圾资源化（资源浪费等）关注程度			
		食物垃圾环境问题的感知程度			

垃圾减量化绿色感知度是内在心理认知因素和外在条件（包括管理和配套设施状况）相互作用的结果。外部因素主要在于识别外部环境中对于食物垃圾减量具有实质性影响的因素，即促进行为主体感知垃圾减量的环境因素的总和。借鉴相关文献，本书从外部管

理和基础设施影响因素展开分析，其中管理层面因素包括宣传教育、规范引导、奖惩机制等，基础设施因素包括食物消费物质流过程中利于促进垃圾减量的设施条件完善程度，以及净菜产业、净菜市场的发展及采购便利性等。采购便利性越高，消费者越可能参与购买净菜或净食品；冷藏、制备加工条件的优劣直接影响食物损耗的多少；垃圾分类设施完善程度也直接影响居民参与分类投放行为等。

依据环境行为学，内部的心理认知因素主要是指影响个体行为的价值观和心理因素。这里选择厨余垃圾减量化内部影响因素指标为：绿色价值观、环境保护关注度、减物质化态度意愿等。其中，绿色价值观因素包括：净菜或净食品价值认可度；节约型的加工制备、对待残剩饭菜的态度；垃圾分类的认知程度。研究表明，选择净菜、净食品、半成品等可以较大程度地减少加工时间成本和餐前损耗，但目前市场上净菜消费尚不够普及，在食物制备过程中注意完善冷藏条件和使用精细的加工手段，形成节约型餐饮的供应、制备和管理模式对于减少餐前损耗有重要意义；践行"光盘行动"，坚决杜绝食物浪费，并正确回收处理残剩饭菜有利于提高食物利用率减少垃圾产生量；人们对资源环境问题关注度越高，参与节约、分类的意愿、态度越积极，就越有可能参与资源减量行为。

（2）问卷调查

采用分层抽样的方法确定调查样本总数，根据典型和有代表性的原则选择调研对象。调查量表见附录2，并利用SPSS进行数据整理分析。

①社区调查：结合社区垃圾分类情况的不同类型，选择具有代表性的社区，如垃圾分类试点小区、非试点小区，同时兼顾小区居民收入水平和消费档次、文化层次，凸显调查对象的代表性各

选 3 个社区。共发放 300 份社区问卷，其中有效问卷共 220 份，有效率为 73.33%。

②餐饮业调查：针对有代表性的大、中、小餐馆及饭店，并且注意分别抽取自助型和非自助型代表性餐馆进行抽样，尽可能兼顾样本的多样性和代表性。本研究共选取 146 家餐饮单位进行访谈调研，非自助餐饮按大、中、小排序分别是 20 家、34 家、50 家；自助餐饮业按大、中型分别是 15 家、27 家。

③大食堂调查：大型企事业单位机关食堂与院校食堂在餐厨垃圾管理、设施、经营方式上有较大相似性，都是厨余垃圾的重要产生主体，且本研究着眼于具有一定规模的食堂，因此选取高校食堂作为大食堂代表具有较高参考价值。综合考虑食堂餐厨垃圾处理方式、师生员工人数情况，选择 21 所学校作为调查样本。

（3）主要因素调查统计分析

经调研整理，采购、加工、消费、排放环节因采购食物质量、加工手段、消费理念、排放方式直接影响食物垃圾产生量，且每个环节减量措施与行为直接影响下一个环节的食物垃圾产生量。城市主体减量行为是减量管理、设施与个人减量意识相互作用的必然结果。食物垃圾减量管理与减量认知、态度、行为互相影响，减量管理与行为总是交织进行的。因此，本研究不仅调研各环节重要影响因素，还调研了管理、设施、认识以及行为等方面对食物垃圾减量影响。

经过 2015 年 5 月开展的问卷调查，得出以下统计结果。

①采购环节。调查采购净菜意愿与采购行为：城市消费者采购净菜意愿不高（社区居民中有 16%愿意购买净菜），但远高于实际购买净菜行为（餐饮业更少，仅 1.5%购买净菜），如图 4.6 所示。

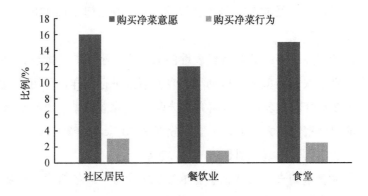

图 4.6 城市主体购买净菜意愿与行为调查结果

②在加工环节。虽然社区居民与餐饮业加工方式不同,但加工过程产生浪费的原因中占比最大的,是采购食材质量问题(图 4.7),由此可见,推行净菜供给和消费是减少厨余垃圾的重要手段之一;其次是烹饪过程中的节约意识,而加工手段和食材利用程度占比较低。因此加工过程厨余垃圾的减量首先是采购和消费净菜,注意树立节约意识、食材保存,还要兼顾食材利用率提升和加工手段改进。

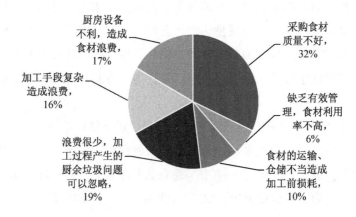

图 4.7 餐饮业食品加工过程产生厨余垃圾原因调查结果

③在消费环节。尽管社区居民与餐饮业消费方式不同，但缺乏节约意识是最主要的影响因素（图 4.8）。在诸多引起消费者浪费食物行为的因素中，缺乏节约意识、缺乏节约物质的行动力、习惯性消费，面子观念合计占 82%，可见节约意识是影响厨余垃圾产生量的主要因素。只有树立绿色消费，减少浪费和废弃的认知，形成厨余垃圾减量的态度，并付诸行动，才能行之有效地减少厨余垃圾。

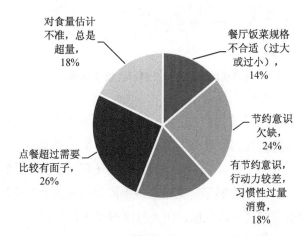

图 4.8　消费者浪费行为原因调查结果

④垃圾排放和处理环节。分类回收是城市固废管理的难题，经调研得出，没有分类意识的居民占 21%，有分类意识但没有分类行为的居民占 26%（图 4.9），认为社区垃圾分类设施不健全的占 26%，三者合计占 73%。因此，应该在不断完善基础设施上着重加强垃圾分类意识的宣传教育和鼓励分类行为。

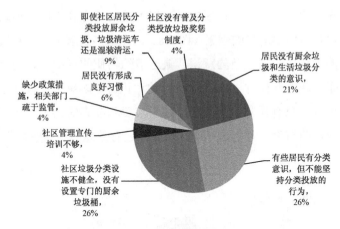

图 4.9　社区居民厨余垃圾分类行为调查结果

⑤管理措施。社区居民对于垃圾分类的认知与社区宣传教育有关。社区多数居民接受到垃圾分类的教育宣传不足，平均每月有一次活动的社区占 67%（图 4.10）。同时，我们还调研了餐饮业的管理措施（图 4-11），结果显示，采用经济手段促进食物节约较为有效，其次是营造良好的节约氛围，因此鼓励餐厅营造良好节约氛围和采用经济激励方式有利于消费者养成节约消费的良好习惯。

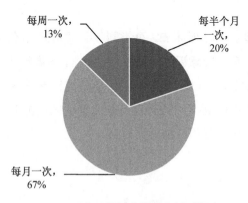

图 4.10　厨余垃圾的宣传教育活动频率

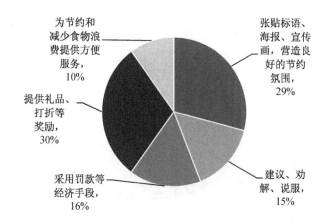

图 4.11　餐厅管理措施调查结果

⑥认识方面。由图 4.12 可知，消费者普遍具有剩饭菜打包的意识（76%认为打包和节约食物是个好习惯）；由图 4.13 可知，居民普遍认为食物垃圾危害较严重（91%的被访者认为食物垃圾会产生多种不利的环境影响）。

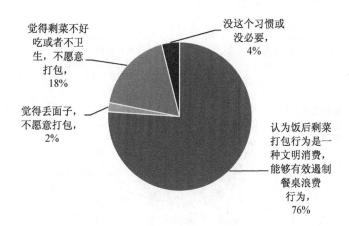

图 4.12　餐饮消费者调查结果

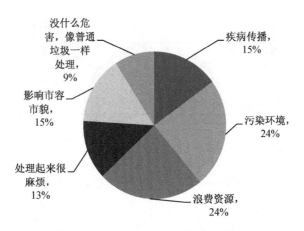

图 4.13　厨余垃圾危害认识调查结果

　　⑦行为方面。由图 4.14 可知，调研社区居民垃圾投放方式，社区多数居民基本做不到分类投放，混装投放的占比（23%）较大，认为存在垃圾收运公司混装行为的占 37%。因此，分类设施建设还需要加强，要加强分类指导，继续鼓励社区居民分类投放，同时采取措施减少垃圾收运公司的混装清运行为。

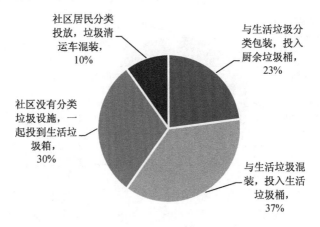

图 4.14　社区居民厨余垃圾处理方式调查结果

（4）食物消费减物质化行为绿色强度指数分析

本研究就食物消费全过程减量行为采访调查城市居民和餐饮业等主体，统计被调查者实际发生的垃圾减量行为。对餐前损耗和餐后垃圾的调查统计，采取对于社区居民在一定时间内连续进行实际称重、对于餐饮行业则估算垃圾桶平均质量的方式进行统计。将所有数据结合减量行为绿色强度指数公式，利用 SPSS 得出的基本描述性结果如表 4.3 所示。

表 4.3　食物垃圾减量行为绿色强度指数统计

调查对象类型	食品消费流程各环节减量行为/%				调查统计结果/个			减量行为绿色强度指数
	购买净菜食品行为	节约型餐前制备	节约型餐饮行为	厨余垃圾分类处理	最大值	最小值	均值（减量行为数）	
试点小区	4	13	59	8	4	0	1.07	0.267
非试点小区	3.92	10.23	54.34	4.39	4	0	0.79	0.197
非自助（大）	5	20.15	42.35	53.22	4	0	1.15	0.287
非自助（中）	2.94	18.99	40.29	43.56	4	0	1.0	0.25
非自助（小）	2	11.35	39.24	13.25	4	0	0.62	0.155
自助（大）	6.67	19.31	9.25	52.17	4	0	0.73	0.182
自助（中）	3.7	17.24	5.11	41.38	4	0	0.59	0.147
高校食堂	4.76	20.24	32.33	46.29	4	0	0.9	0.225

注：根据式（4-2），利用 SPSS 计算整理得到表 4.3 数据结果，其中百分比指受访者中实施该减量行为的比重。

对于垃圾减量行为的调研说明：①调查指标中净菜食品是指经过拣选、整修，保留干净、可食用部分的蔬菜或副食品。本研究设定有 1/3 以上频次的采购行为包含有净菜成分为接近"较经常性"行为。②节约型加工是指通过餐前制备条件具备良好仓储设备、精细的加工手段等，可实现较高的食材利用率。由于净菜消费可以减少 15%～25%的厨余垃圾，本书取经验值低于 15%作为衡量是否达到节约型制备普遍要求。③餐饮垃圾主要是指餐后剩余的残羹饭菜，Whitehair 等通过试验研究表明，经过干预等手段，平均每位大学生一餐食物浪费量为 48.45 g，故较少产生餐饮垃圾的人口按每位受访者每餐浪费总量小于 48.45 g 为标准。

通过对城市主体食物消费减量行为绿色指数进行方差分析，发现 Levene 统计量为 1.123（$P=0.349$），由于概率 P 值大于显著性水平 0.05，故认为方差具有齐性，且 F 值为 2.843（$P=0.041$），故在 0.05 水平上显著，说明不同类型区域行为主体减物质化行为绿色强度指数存在显著差异。绿色行为指数均值越高，说明城市公众参与食物资源减量、回收和保护环境行为的深度、广度和丰富程度越好。

由表 4.3 可知，就社区来说，试点社区居民参与资源减量行为程度相较于非试点社区更高；从不同类型的厨余垃圾减量行为来看，相较于购买净菜食品和垃圾分类行为，居民在节约型制备和节约型餐饮行为的人数占比较高；就分类回收状况而言，社区类厨余垃圾分类与餐饮行业情况差距悬殊，社区居民垃圾分类模式和习惯尚未形成。说明城市公众在食品加工和餐饮消费过程较注意节约食物，减少浪费，而食物物质流两端，购买和消费净食品及垃圾分类回收方面的参与比较薄弱。由于近年来北京市不断加强餐饮业餐厨垃圾回收资源化工作，随着厨余垃圾回收行业规模的增大和垃圾分类回收管理水平提高，大、中型餐饮业的餐厨垃圾回收率有了一定提高，但总体上仍需大力扶植净菜、净食品、半成品产业，促进厨余垃圾源头减量，并进一步强化普及厨余垃圾分类回收和资源化工作。

（5）食物垃圾减量绿色感知强度对照分析

与减量行为绿色强度指数方差分析相适应，北京市公众环境保护行为和减物质化绿色感知度存在显著差异（表4.4）。行为主体的认知、态度与外部管理及条件因素是相互影响、相互制约、相互促进的辩证关系。

表 4.4　食物垃圾减量绿色感知强度和行为强度指数综合

主体	主体类别	绿色感知强度指数					减量行为绿色强度指数
		绿色价值观	环境问题关注度	管理感知度	设施便利性感知度	减量意愿感知度	
小区	试点小区	0.563*	0.576*	0.594*	0.596	0.655*	0.267
	非试点小区	0.540*	0.498*	0.556*	0.575*	0.641*	0.197*
餐饮服务业	非自助餐饮（大）	0.679	0.616	0.814	0.505*	0.750	0.287
	非自助（中）	0.605*	0.570*	0.685	0.568	0.647*	0.25
	非自助（小）	0.565*	0.533*	0.618*	0.537*	0.586*	0.155*
	自助（大）	0.695	0.676	0.698	0.622	0.717	0.182*
	自助（小）	0.608	0.598*	0.61*	0.568	0.62*	0.147*
	食堂	0.595*	0.601	0.723	0.544*	0.683	0.225
强度均值		0.606	0.583	0.662	0.564	0.661	0.213

注：*表示低于均值；根据附录 2 向食堂、餐厅、社区居民发放问卷，利用 SPSS 得到强度均值。再利用式（4-1），计算整理得到各项绿色感知强度结果。

与垃圾减量行为绿色强度指数相对应，试点社区居民绿色感知度强度指数高于非试点小区居民。经调研，试点社区居民感知到厨余垃圾环境污染和危机等问题的比例（27%）高于非试点小区的比例（23%）；试点社区对垃圾分类的认可比例（79%）高于非试点小区（63%）；非试点社区中 71%的居民认为市场上净菜较少且不愿购买，低于试点社区居民中的相应比例（87%）；对社区宣传教育感知，认为感受到不断强化的垃圾分类宣传居民，试点社区居民占65%，高于非试点社区（53%）。可见，试点社区居民的内在感知、态度及外部管理和设施因素普遍优于非试点社区，而非试点社区管理、设施薄弱，环保宣传普及不足，环保意识相对淡薄。说明管理手段、设施的强化显著影响社区居民环境认知和态度，而居民的认知、态度会影响居民参与垃圾减量的积极行为。

与减量行为绿色强度指数相对应，餐饮服务业垃圾减量感知度由强到弱为：非自助餐饮（大）、非自助餐饮（中）、非自助餐饮行业（小）、自助（大）、自助（中），食堂的感知度水平逼近大型餐饮业。餐饮业管理和设施建设水平越高，规模越大，按照规模效应和边际成本递减规律，管理者更愿意加大垃圾管理和设施服务水平，提高资源利用效率和提升自身环保形象。

从感知强度均值分析，管理感知度值最大，垃圾减量意愿次之，绿色价值观、环境问题关注强度相对较小，设施便利性感知度最小。

调研说明，在环境意识方面，对于垃圾减量分类回收方面的宣传力度较大，认识提高较快，但深层次的环境保护和环境污染危机预见方面的关注度、知识水平和自觉意识相对薄弱，普及城市绿色价值观、提高自觉责任意识和感知度，对于居民形成垃圾减量行为习惯有重要作用；在餐饮行业厨余垃圾减量管理工作中，中、小型餐饮业可作为管理重点。同时，餐厨垃圾管理制度和奖惩措施亟须确立和推广；厨余垃圾分类回收处理方式和设施应多样化建设和发展，仍需按规模和需求建设与推广食物垃圾分布式处理设施，这些措施对于正确引导居民参与减量行为有重要意义。

（6）食物垃圾减量外部影响因素感知度分析

垃圾减量化的外部影响因素包括管理因素和基础设施条件因素。在现实生活中，城市主体对垃圾减量管理与设施因素的感知各不相同。参照感知与行为强度指数研究方法，本研究以均值大小，反映感知强弱，均值越高，感知越强。在量表均值为 1～3 的量化等级中，1～1.5 表示基本没有感知；1.5～2 表示有较少感知；2～2.5 表示有比较强的感知；2.5～3 表示强烈感知。正面回答是指依据附录中的问卷选项，每个选项选择 A 的人数占比，即选择更强烈的减量管理感知的人数占比。

由表 4.5 可知，2015 年管理感知度平均值为 1.56，说明城市主体几乎没有减量管理的感知；设施感知度平均值为 1.86，明显高于管理感知度，说明人们对设施便利性体会更深刻，但也仅是较少感知度。调查表明，在全面推行垃圾分类前的时期，公众普遍对于生活垃圾管理和垃圾减量设施感知度较低。因此绿色行为的滞后显然也与这些因素有相关性；同时较少感知到采购净菜食品便利性，实施采购净菜的行为也较薄弱。相对地，公众对于家庭垃圾桶设施和社区垃圾分类设施便利性感知度较强。

表 4.5 城市厨余垃圾减量管理与设施感知程度调查结果

厨余垃圾减量和回收管理感知度	正面回答人数占比/%	均值	设施完善感知度	正面回答人数占比/%	均值
宣传教育	30	1.63	采购净菜食品的便利性	13	1.21
奖惩措施和力度	18	1.55	家庭垃圾桶的设施	65	2.11
法规的了解程度	17	1.41	垃圾收集便利性（投放距离等）	41	2.01

厨余垃圾减量和回收管理感知度	正面回答人数占比/%	均值	设施完善感知度	正面回答人数占比/%	均值
垃圾处理现状	20	1.58	垃圾分类设施便利性	45	2.12
推广宣传厨余垃圾减量回收的方法和技术	19	1.51	餐桌纸塑料等垃圾与餐饮垃圾的分类归置程度	29	1.43
餐厨垃圾管理制度	22	1.60	餐厨垃圾处理设备	15	1.35
营造餐饮节约氛围	31	1.9			
消费者餐饮浪费行为干预力度	15	1.36			

注：调研数据整理，使用 SPSS 软件计算均值可得。

3. 食物垃圾过程减量管理—感知—行为的缺口识别分析

（1）绿色感知强度与绿色行为感知强度指数的相互关系

为进一步分析绿色减量感知强度指数与绿色行为强度指数的关系，通过因子分析法得到 5 个主要影响因子，并做多元回归分析整理。北京市社区居民垃圾减量绿色感知强度与绿色行为强度指数关系如下所示：

数据来源于表 4.4，以绿色价值观 X_1、环境意识 X_2、环境管理感知度 X_3、设施便利性感知度 X_4、减量意愿感知度 X_5 为自变量，减量行为绿色强度指数 Y_1 为因变量得到多元回归方程：

$$Y_1 = -0.147X_1 + 0.450X_2 + 0.096 + 0.15X_3 + 0.073X_4 + 0.421X_5 \quad (4\text{-}3)$$

分析得到，对绿色行为强度指数影响最大的因子是绿色价值观强度指数，资源减量意愿和管理因子的影响次之，设施因素相对较弱，因此宣传普及绿色价值观对绿色减量行为强度指数的提高起积极作用。

进一步分解绿色价值观的影响因素，以环境意识 X_2、环境管理感知度 X_3、设施便利性感知度 X_4、资源减量意愿感知度 X_5 为自变量，绿色价值观为 X_1 因变量，得到如下方程：

$$X_1=0.021X_2+0.001+0.169X_3+0.508X_4+0.276X_5 \qquad (4\text{-}4)$$

分析得到，对绿色价值观影响最大的是设施和资源减量化意愿感知度因子，提高设施水平会对绿色指数的提高产生重要推动作用。

我们采用同样方法分析餐饮行业，分析发现对减量行为绿色强度指数影响最大的因子是资源减量管理感知度，因此，加强管理、提高公众对管理约束和激励的感知水平会对行为绿色强度指数的提高产生重要推动作用。

（2）食物垃圾过程减量管理—感知缺口识别

①管理措施传达过程中的递减造成环境感知度较弱。首先是一些垃圾管理措施仅有战略层面的宏观规定，在战术和执行层面相关法规细则规定欠缺，造成法规措施纵向管理落实上存在缺口现象；其次一些垃圾减量措施在具体的执行过程中存在执行力度不够的问题；在垃圾分类回收阶段，国家出台了一系列法规，确立了各方责任和管理制度，但距离养成公众自觉行为尚有距离；在消费阶段，国家对餐饮消费的浪费现象很重视，倡导"光盘行动"，出台法规制止餐饮浪费，但制约餐饮浪费的措施缺乏持久性，长效机制尚未切实形成，消费者感受到外界制约浪费行为的力度不足。在管理方面存在管理措施递减或执行度不够的问题，居民和消费者绿色生活和节约环保行为的转变较为缓慢。

②对管理、基础设施的感知强度指数较小。在开展垃圾强制分类之前，城市主体对于环境管理和基础设施的感知强度偏弱的现象

普遍存在。需要引起重视的是，在相关法规和环保知识感知程度上需要不断提升；在净菜消费问题上，城市主体基本上没有感知度，需要加大推进普及净菜消费。

③管理、设施感知程度与其他感知度之间影响程度不同。首先影响环境管理、基础设施感知程度的因素包括个体的内在与外在影响因素，通过回归分析管理与其他内在感知因素的相关关系可以看出，对管理感知度影响最大的是设施因素，说明提供一个良好的设施环境、提升基础设施的科技含量、便捷性、整洁度等会增加城市主体对垃圾管理的感知程度。其次绿色价值观和垃圾减量意愿是管理感知度重要影响因素，提高绿色价值观，促进环境保护意愿的形成对于提高管理措施的传导效率和公众接受程度具有重要意义。

（3）生活垃圾资源减量感知—行为缺口识别

通过调研3类主体，8个不同研究对象，由表4.4可知，垃圾减量行为绿色强度指数（0.213）滞后于减量行为绿色感知强度度水平（0.564），说明心理感知与行为缺口存在，且行为显著滞后于感知。同时，管理感知强度指数（0.662）与设施感知强度指数（0.564）远远大于减量行为绿色强度指数（0.213），说明管理感知与减量行为缺口也同样存在。

当前垃圾减量管理设施、环境意识、价值观等主体心理感知、认知与主体实际付诸绿色行为之间存在较大缺口。较高的环境意识和环境保护意愿并不一定会相应转化成减物质化的环境行为；同样，较好的设施与充分的管理措施也并不一定能够高效同步促进垃圾减量行为，因此，垃圾源头减量和分类意识、垃圾管理（环境管理）与垃圾源头减量和分类行为（环境行为）尚未呈现出良好的协同性。

4. 食物垃圾过程减量管理与行为协同性的一般规律

由表 4.4 等前期调查研究分析结果得出两个缺口的结论：①当前环境管理、基础设施建设对有效提升城市行为主体（市民）的环境意识、绿色价值观等心理感知、认知还存在不足；②而各个行为主体的环境绿色感知、认知，与其自觉实际绿色行动之间也存在较大缺口。依据调查研究分析，本书从城市主体绿色感知、垃圾减量行为模式等方面进行如下归纳和阐释。

（1）环境感知强度随利益主体的不同具有差异性

由于不同类型公众的环境感知强度具有明显的集团性特点。首先，社区居民、餐饮服务业的利益视角显著不同，其各自绿色价值观、管理感知度等存在差异性。餐饮业对于垃圾集中管理和基础设施建设的认知强度和接受度更大；其次，消费分布、经营规模和经营模式的不同，对绿色行为的态度也不同，如垃圾分类方面餐饮业分类回收绩效强于社区居民。因此，不同利益主体在消费、经营方面存在对资源减量、垃圾回收感知度的差异，影响管理方式及其成效，需要针对不同类型主体、消费方式采取不同的垃圾减量管理方式，即提高管理手段的针对性，提升管理绩效。

（2）提升公众环境感知度需与管理手段及基础设施配置协调

城市主体垃圾减量行为受内外部因素影响。其中垃圾减量认知和态度在外部管理与设施等外部因素作用下呈现出不同的感知程度，进而影响其减量分类行为。调查分析表明，行为主体对设施因素感知度较管理因素感知度相对较强。因此，如何加强城市主体对于环境管理措施的体验感受是研究的重点之一。环境行为绿色强度指数以及环境感知度水平随着管理、设施投入的增加而提高。管理、设施越完善，居民受教育水平越高，绿色价值观等绿色感知度越高，社区居民参与垃圾减量积极性越高；对于餐饮行业，餐饮规模越大，管理者越愿意采取行动加大管理设施服务水平，提升效率和自身环保形象。

（3）垃圾减量社会规范的形成受绿色价值观、环保自觉意识和管理设施水平的显著影响

多元回归分析发现，绿色价值观和管理感知度分别是社区居民、餐饮服务业垃圾减量环境行为缺失的最主要影响因素。因此强化普及绿色价值观，提高管理和设施服务水平将促进城市主体减量绿色行为的提升。

（4）物质流过程垃圾减量的管理—感知—行为之间存在缺口

垃圾物质流过程减量管理—感知—行为缺口表现为城市居民（行为主体）生活垃圾的环境感知较为薄弱，垃圾管理—行为以及认知与行为之间均存在显著滞后性。垃圾管理措施存在片段化、不够系统的问题，且法规执行力度不足，并随执行层级和时间存在力度递减的现象，都是城市居民缺乏较强的垃圾减量分类等环境责任义务感，以及不能自觉履行环境义务的重要影响因素；通过对北京市生活垃圾管理调研发现，环境行为具有较明显的滞后性，即存在环境感知、认知和行为之间的显著缺口，需要弥补环境管理与公众环境认知，以及公众环境感知与环境行为两个方面的缺口，从而提升宏观管理和微观主体行为的协同性。

（5）垃圾减量化的物质流系统是公众环境友好行为和环境管理协同联动的有机整体

垃圾减量管理系统是全社会消费模式、经营模式、管理模式、行为模式协同作用的复杂系统。不同的经营模式，其厨余垃圾的产生和管理方式、重点都不同。如自助式营销易导致消费者过量取餐的严重浪费情况，社区居民和餐饮业在消费、行为、管理模式上也

存在较大不同，在兼顾食物质量与价格的同时，餐饮业更加重视提高管理和服务水平，易产生较集中的浪费和厨余垃圾排放，同时，在厨余垃圾分类管理问题上，餐饮业更有利于接受管理部门的监督管理，并规范对厨余垃圾的集中分类回收。而社区居民炊事一般会更偏好控制食物浪费和餐饮成本，但社区居民在消费源头考虑减少垃圾（包括购买净菜食品）以及消费末端对厨余垃圾分类回收处理相对薄弱，因此，公众等环境行为和多元参与环境治理局面的形成是未来环境治理和生态文明建设的重点。需要重点加强居民绿色生活、绿色行为的建构和推动环境多元共治体系的形成。

（6）从宏观管理与微观主体环保行为协同的视角提高管理力度和水平

针对城市公众对于资源减量、垃圾管理等环境保护感知程度有待提升的问题，应当有的放矢，着眼于提高管理措施与主体行为的协同性，提高管理水平和监督管理力度。为了促进执行层面监督管理措施落到实处，首先可以制定法规实施细则，以利于按章办事；同时健全监督和奖惩机制，对于不作为现象予以惩罚，对于业绩突出的执法人员与居民予以奖励；其次对于城市参与主体要深化参与体验，宣传资源减量知识，采用经济手段如经济补贴、奖惩措施，实现短期效益与长期公众习惯养成的统一。

5. 措施建议

（1）全面提升全社会绿色价值观

绿色价值观是环境保护和资源减量行为的心理认知基础和重要影响因素，提升社会绿色价值观对促进公众行为转变具有重要作用，需要从内外两个层面展开。首先强化生态环境价值认同感知：普及生态环境保护的价值认知和相关知识，通过媒体、网络等多种途径宣传教育，让环境意识及相应的环境危机意识成为全民自觉认识；其次加强垃圾分类资源回收等行为的价值体验，以强化绿色感知，助力形成垃圾减量绿色行为习惯；提高管理和设施服务水平；完善相关法规，加强职能部门执法，政府加大公共设施服务水平。

（2）促进消费、管理和公众行为协同绿色转型

以消费、管理、行为模式协同绿色转型的思想和策略，来推动垃圾减量化，以提升整体生活垃圾管理绩效。针对不同垃圾排放主体行为模式的差异，针对性地采取措施，缩小社区、大中小餐饮业和食堂的垃圾管理水平差距。对于居民，提高管理水平，进行节约资源垃圾减量、绿色理念行为的普及教育、引导和规范；对于餐饮行业，引导他们改善经营方式和理念，并注重经济手段运用，对消费者浪费行为进行适当经济干预等措施。

（3）探讨完善系统化的过程资源减量化管理模式

关于食物消费的物质流垃圾减量化是一项复杂的系统工程，要经过从食物采购到垃圾排放和回收的一系列流程，过程中涉及不同的消费主体和排放主体，需要采取多种资源减量和减排控制措施。其中垃圾管理和基础设施水平是促进城市居民参与垃圾减量分类行为的前提保障；进一步完善净菜市场体系，大力扶持净菜产业；针对不同主体采取不同管理方式，深化公众环境保护知识和自觉责任意识，强化社区居民的责任规范和实际体验，制定统一分类标准，依据社区规模、分布等特点布局净菜销售点和垃圾分类投放点；对于餐饮服务业可通过政府严格立法，相关部门严格执法，规范食品消费过程的经营方式等手段，约束餐饮行业的行为。通过奖惩、市场激励等手段加强消费者消费和排放管理以及有条件餐饮行业自行分类、就地处理餐厨垃圾，规范设置垃圾分类设施和加强分类行为督导等，多管齐下，制定一系列管理措施体系。

（4）建立资源减量的短期、长期激励关联机制

食物垃圾减量措施实施初期，经济手段（补贴、积分或物质奖励等）显示出比较明显的激励效果，但呈现短期性特点，因此建立一套与短期激励相衔接的长效机制更为必要。其中加强"谁污染（谁排放），谁付费"等环境外部性内部化的制度建设，加快扶持净菜产业发展、全面普及垃圾分类计量收费制度，以及对消费者浪费行为的奖惩措施干预等，不失为一种有效方法。

（五）厨余垃圾物质流过程减量管理体系研究

1. 垃圾减量管理体系的三个管理层次及其相关概念

生活垃圾可持续管理系统与其他领域管理体系一样，一般由战略层、战术层、执行层三个管理层次构成，三者相辅相成、缺一不可。战略层为战术层和执行层提供管理原则和目标导向；战术层是对战略层进行分解所确定的政策、法规和标准；执行层是对战术层的延伸和执行，包括法规标准下的具体实施细则等。

（1）垃圾减量管理战略层次的原则和目标管理导向

主要内容有循环经济原则（避免产生优先、减量化、资源化、无害化为原则）、垃圾减量管理目标、计划、强制回收目录等。

（2）垃圾减量管理战术层次的法规标准和经济措施管理政策

战略层面原则和目标导向是总纲，而战术是对战略目标任务的分解落实。主要内容包括禁令、市场准入、环境门槛或标准、环境基本服务和基础设施标准、强制措施、奖惩、循环利用等措施细则等。

（3）垃圾减量管理执行层次的管理制度体系

内容包括法律条例的相关细则、措施执行层面的监督和执行机制等。如许可证管理——垃圾注册执照和跟踪联单制度、包装重复使用制度、产品分类标签制度、再循环产品质量认证制度、产品预置金制度、生产者责任制度、再循环材料产品公共采购制度、合同循环服务制度等，也包括经济手段：计量垃圾费、环境押金、保证金和罚款、垃圾处理补偿机制、消费引导及补贴等。有效的执行层制度措施是落实战略目标及完成计划任务的重要保障。

2. 食物垃圾过程减量管理与管理清单

食物供应链各个环节都产生不同程度的食物损耗或浪费，但从物质流管理系统视角，生活垃圾管理措施存在片段化、系统性欠缺问题。在整个物质流过程中垃圾减量化管理断流和片段化造成系统管理不完善，影响管理绩效和多主体、各环节协同配合，同时，纵向的资源节约、垃圾减量管理的战略层、战术层、执行层管理措施不完善、传导机制不畅同样是基于物质流过程垃圾减量化管理系统性欠缺的突出问题。进行基于物质流过程的横向系统分析和管理系统层次的纵向分析，构建完善食物垃圾管理战略层、战术层、执行层并且贯穿从源头到过程全生命周期的垃圾管理体系，并识别资源减量化管理体系存在的缺口，促进形成基于物质流过程的完整绿色资源减量管理体系。

资源减量化的管理系统，是绿色食物流管理体系（横向物质流资源减量管理）与贯穿物质流过程所实施的管理战略、战术、执行纵向层次管理体系的叠加融合。

（1）食物垃圾物质流过程减量管理体系

垃圾减量是一项复杂的多主体共同参与的活动。横向沿物质流动过程，实施全过程系统减物质化管理，纵向则从食物垃圾管理战略层、战术层、执行层管理政策手段构成的管理体系来实现资源减量化，形成法规措施自上而下畅通的传导机制并且提升目标落实的力度和效率，如表4.6所示。

表4.6　城市食物垃圾过程减量管理系统棋盘

管理层次	战略层			战术层			执行层		
物质流过程管理	目标	原则	计划	法规标准	管理政策	监督机制	执行细则	激励手段	公众参与
食物生产	减物质化目标	减物质化原则	减物质化计划	减物质化法规标准	减物质化管理控制	引导监督机制	减物质化法规标准执行细则	减物质化激励手段	减量方面的公众参与和监督
食物储运分销									
食物消费									
垃圾排放回收									

（2）北京市食物垃圾减量管理策略梳理

为了提高垃圾减量化复杂系统管理的有效性，对物质流过程多层次的管理策略进行清单梳理，分析垃圾减量化管理关键因素及其管理手段的相互关联性，制定出简洁有效的图表。本书收集并统计了食物垃圾减量管理在物质流过程和管理三层次两个维度的政策法规数量进行列表，如表4.7所示。从影响因素来看，前端资源管理的生产、储运分销阶段的4个影响因素的法规和规章较少，法规规章密集性体现于后端（排放和回收阶段）管理的6个影响因素之中，消费阶段的资源管理相对高于前面的生产分销阶段。说明目前最为重视的是末端垃圾减量、分类回收，消费阶段也得到一些关注，但管理手段不够完备，存在明显的短期效应现象。从实践来看，从 2008 年北京奥运会之后，对于环境保护重视程度增加，政策法规密集出台（表 4.8）。

表 4.7　食物垃圾纵向层次减量法规数量

环节	序号	各环节减量重要影响因素	战略层法规措施数量	战术层法规措施数量	执行层条目
生产	1	加工	3	0	1
	2	净菜产业	3	5	2
储运分销	3	储藏冷链	3	0	0
	4	食品分销	3	0	0
消费	5	餐厨设备	3	0	0
	6	净菜消费	3	0	2
	7	绿色消费	3	6	12
	8	宣传教育	3	2	2
排放回收	9	垃圾分类	10	25	81
	10	垃圾收费	10	9	13
	11	垃圾排放	10	4	13
	12	处理设施	10	3	27
	13	收运方式	10	15	5
	14	处理方式	10	9	4

注：根据 3 个层次减量法规措施整理得到。

表 4.8　北京市食品物质流各环节垃圾减量管理相关法规年际数量分布

年份	2016	2015	2014	2013	2012	2011	2010	2009	2008	2007	2006	2005	2004	2003	2002
生产				1		1		2	1						
储运分销				1				2	1						
消费				3		4	2	1			2	4	2	1	
排放回收	8		1	17	8	33	40	38	20	33	11	3	2	10	11
合计	8		1	20	8	39	43	43	22	33	13	7	4	11	11

3. 食物垃圾减量管理缺口识别

（1）食物垃圾管理体系总体概况

①战略层面。

战略层面法律法规主要有《中华人民共和国环境保护法》《中华人民共和国固体废物污染防治管理法》《中华人民共和国循环经济促进法》等，均提出了促进生产、流通、消费阶段的资源减量化要求，以及开展清洁生产、发展循环经济的目标。垃圾排放、回收处理阶段战略层次的法规约 10 个，包括《北京市循环经济发展规划》《北京市生活垃圾处理设施建设三年实施方案（2013—2015 年）》《北京市生活垃圾管理条例》等。

②战术和执行层面。

生产阶段。食物生产加工阶段的管理和相关法规更重视食品卫生领域，而相对忽视该阶段产生的食物浪费和损耗。相关法规基本以加强安全、卫生监管为主，多未涉及资源减量减少浪费和垃圾产生等理念。实行净菜进城可以减少生活垃圾，也可以减少食物制作过程使用的水电气和人工费。近年来，北京市从环境、财政、技术、就业扶持等角度推动发展净菜产业，但尚未将净菜产业、净菜消费以及垃圾减量统筹布局，整体收效不够显著。

储运分销、消费阶段。物流、冷链运输、储藏条件是减少食物损耗的必要条件，我国在该阶段多从节约成本、食品安全、技术标准角度提出规范管理要求；消费环节是食物浪费较严重的阶段。近年来，国家重视节约，推动"光盘行动"，杜绝粮食浪费，并出台相关法规，但在执行层面上操作性强的管理规章与执行细则仍然欠缺。

垃圾排放回收阶段。关于垃圾分类回收末端处理相关法规最为繁多：在三个管理层次上，从源头垃圾分类标准、确定"零增长"的目标，到执行层面上实施细则、垃圾排放管理和排放登记、执行步骤等内容都得以覆盖，而且自 2019 年起，全国范围的地市级城市全面实施垃圾分类管理，取得显著进展，但总体上形成全民自觉行动尚需时日，在监督、执行层面仍普遍存在问题。

总之，资源（垃圾）减量化要求具备系统化的管理手段和管理体系，现有管理法规、规章和措施存在显著的系统性不足。目前，相关领域的宏观战略层管理目标、原则性规定大多已经明确，但在战术和执行层面的规章、细则、规定相对不完善，且系统性、操作性明显不足，一些规章分散在不同行业部门、领域的法规当中，呈碎片化、片段化状况；执行方面则注重循环往复的宣传教育，辅以试点示范推动，执行力度不足以延伸至大众微观主体以推动全员参与和集体治理行动。

（2）食物垃圾管理缺口识别和分析

对生活垃圾相关管理法规条款梳理结果如图 4.15 所示，总体上执行层次上规章条款数量普遍低于高层次法规条款数量，说明当前管理中存在注重顶层设计和原则性规章制定，可操作性执行层次法规、细则和措施不足，造成实施不力的状况；在食物物流中适用于资源减量管理的规章及条款基本都分布在垃圾分类、回收处理阶段，呈现显著的末端管理思想特征，前端的生产、储运分销、净菜消费等阶段资源（垃圾）减量化管理法规和规章缺位，也缺少全过程系统管理的有效措施；结合管理 3 个层次来看，在一些重要的物质流环节，如生产加工、储运分销、消费等过程的垃圾管理只存在少数战略层次的目标、原则性的规定，战术层甚至执行层也未有实施细则措施和操作执行的有关规定，造成纵向的管理递进层次资源减量管理法规的有机衔接存在缺口和不足。

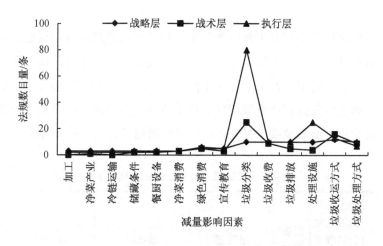

图 4.15　食物垃圾减量影响因素纵向层次法规数目

由图 4.16 可知，从物质横向流动过程来看，垃圾排放回收处理阶段的法规较齐全，数目众多，执行层法规远高于战略层和战术层；而前端的生产、储运、消费阶段所涉及的资源减量管理相关法规相对匮乏，即物质流全过程中关于资源减量的法规出现"缺口"现象。纵向上，执行层法规在某些环节也出现"资源减量管理缺口"现象。

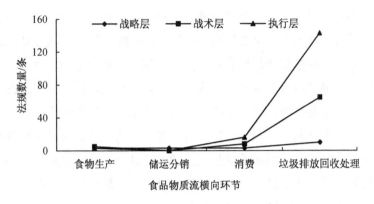

图 4.16　食品物质流纵向层次法规数量

　　通过研究梳理基于食物物质流过程的相关管理法规和规定，识别管理缺口，得出食物垃圾过程管理的战略层、战术层、执行层法规条款和管理措施现状及其主要存在的缺口如表 4.9 所示。其中，缺口是指在特定过程或领域相对缺位的管理政策措施，清单是指罗列在特定过程或领域或已有资源和垃圾管理相关的管理政策措施。

表 4.9　北京市食物垃圾减量管理措施清单及存在的缺口

环节	基于物质流过程食物垃圾减量管理主要内容	清单/缺口	战略层	战术层	执行层
生产加工	生产加工	清单	卫生、安全，改善食品加工管理和技术	相关企业扶持政策*；安全监督、卫生监督	企业支持细则和标准*
		缺口	坚持"3R"原则，资源减量、绿色食品加工生产	减量节约监督管理和节能减排技术管理标准、法规	食物生产减量管理和节能减排执行机制、制度细则

环节	基于物质流过程食物垃圾减量管理主要内容	清单/缺口	战略层	战术层	执行层
			目标、计划等	和措施	
生产加工	净菜产业	清单	净菜上市*	净菜产业试点；农产品基地、食品加工企业建设；绿色包装；食品多元化及成品化*	引导绿色消费、净菜消费
		缺口	净菜产业目标、计划、目录；绿色、净菜消费的净菜目标、计划	净菜企业市场化政策扶持和相关标准、规章、措施	促进食品多元化及成品化，净菜产品的认证、采购、绿色包装、管理、补偿等措施
储运分销	储运冷链	清单	安全、卫生、减少成本，改善冷链/储藏运输过程管理，提高冷链保鲜技术	相关企业政策扶持*；安全监管、卫生监督、减少浪费成本	各部门、各相关企业的安全监管、卫生监督细则
		缺口	坚持"3R"原则，发展绿色物流储运系统的目标、计划、目录	资源减量化管理和节约型冷链/储藏保鲜标准、规章、措施	资源减量化物流管理细则；节约型冷链/储藏保鲜管理技术政策措施
	食品分销	清单	安全、卫生监管	安全、卫生监督、减少浪费成本要求	各部门、各相关企业安全监管、卫生监督细则
		缺口	基于"3R"原则，减量化分销系	资源减量化销售管理标准、规章和	资源减量化分销过程管理执行细则和

环节	基于物质流过程食物垃圾减量管理主要内容	清单/缺口	战略层	战术层	执行层
			统目标、计划	措施	制度
消费	绿色消费	清单	绿色消费原则理念倡导*	资源减量型消费*、绿色消费；循环生产、绿色消费综合保障体系及措施*	限塑令、资源回收等法规；与循环经济体系建设衔接条款*；宣传教育、经济激励措施等*
		缺口	绿色消费目标、计划、有关目录	绿色消费有关管理规章、标准、措施	消费引导、市场监管执行制度细则、奖惩措施
垃圾排放	排放	清单	垃圾排放管理的原则；推进垃圾排放登记制度建设	餐饮单位的排放管理和网络登记制度、监督管理规定	加强餐饮单位及监管部门的日常监管*；排放登记试点及推广*
		缺口	垃圾排放管理的目标、原则、计划	餐饮业和社区垃圾排放管理和网络登记制度法规、办法、标准、管理措施	垃圾排放登记监管办法和实施细则垃圾物流跟踪管理制度
	收费	清单	普适性基本垃圾收费制度	居民垃圾收费制度；管理、基本标准	垃圾收费办法等规章
		缺口	行为责任和经济责任制度的目标、原则、计划全面确立	基于垃圾成本责任分担的收费制度改革；相关法规、标准、管理技	垃圾成本分担责任机制相关法令、规章、机制

环节	基于物质流过程食物垃圾减量管理主要内容	清单/缺口	战略层	战术层	执行层
				术措施	
回收处理	分类	清单	基于"3R"原则垃圾分类目标、法规、计划	垃圾分类回收体系建设、管理规章、标准和措施*	分类试点、分类投放*、分类清运*、分类知识宣传普及、管理激励等措施的落实、监管
		缺口	原则、目标、责任、计划的落实需进一步加强	分类行为滞后；标准不足；措施操作性需加强	长效机制和制度；责任、市场、奖惩制度需细化，增强操作性
	处理	清单	垃圾处理设施、收运管理体系建设目标、计划、原则；处理技术等规定	垃圾处理设施的建设标准、时限、数量；垃圾收集运输体系*、管理规章；餐饮单位的收集排放管理措施*；处理技术标准及研发推广	餐厨垃圾处理厂建设计划；收运管理办法的实施和完善*；日常排放收集的管理措施；就地处理*及资质企业单位的分类扶持措施*
		缺口		食物垃圾回收体系；落实垃圾分类、监督、奖惩的法规、标准、管理措施；落实分类就地处理；统一收集、集中处理管理规定需进一步加强	立法、行政监督、奖惩措施促进垃圾回收；分类、监管、奖惩办法实施细则；分类、排放、处理全过程监督管理，登记造册，跟踪管理实施标准细则需细化提升可操作性

* 表示已存在但需加强的法规。

公众行为与垃圾管理的目标和手段不够协同，是制约垃圾管理成效的重要原因。管理存在不完善与公众行为滞后互为因果，造成管理上的低效率，进而加剧了集体行动的困境。

首先，横向上，食物质流动过程资源减量管理措施出现片段化现象，纵向上，战略、战术、执行 3 个层次的法规规章分布不系统、不均衡；其次，即便已有的管理系统也存在显著的自上而下管理和执行效力递减，执行环节力度弱化，导致环境行为薄弱、滞后；再次，环境行为显著滞后于环境意识，即使较高的环境意识和资源减量意愿也并不一定能有效转化为环境友好行为。由此可见，微观心理认知与环境行为之间的缺口，与宏观管理过程和层次上的缺口是相伴相随的，而公众行为与管理缺乏协同性，是长期以来制约形成全民自觉参与环境保护行动的关键问题。

4. 食物垃圾减量管理矩阵

鉴于食物垃圾减量横向物质流过程和纵向管理层次均存在管理"缺口"。因此，可采用管理矩阵方法，对管理缺口进行补充完善，使垃圾过程减量化管理系统得以完善，提升管理成效。基于食物物质流各个阶段，综合管理战略层、战术层、执行层提出资源减量管理法规规章体系，包括强制性（法律、行政手段）、经济性激励手段和宣传教育组织公众参与手段等多管齐下构成完善管理体系。管理措施矩阵如表 4.10 所示。

表4.10　城市食物物质流减量模式管理矩阵

<table>
<tr><td colspan="2">　　　　过程
管理</td><td>生产</td><td>储运分销</td><td>消费</td><td>废物排放回收处理</td></tr>
<tr><td rowspan="3">规制</td><td>战略层</td><td>坚持循环经济"3R"原则的绿色食品加工生产目标、计划</td><td>坚持"3R"原则，发展绿色物流储运、分销系统的目标、计划、目录</td><td>绿色消费、净菜消费引导目标、计划、目录</td><td>垃圾责任确立；垃圾排放、收运、分类、处理及设施管理的目标、原则、计划</td></tr>
<tr><td>战术层</td><td>农业和食品加工业资源节约减量监督管理和节能减排技术管理标准、法规和措施</td><td>减量化管理和节约型绿色冷链/储藏保鲜、销售标准、规章措施</td><td>绿色消费有关管理规章、标准、措施；净菜产业、市场规则标准、政策、规章节约型餐厨技术设备的研发和推广</td><td>基于垃圾成本责任分担的收费制度改革；垃圾排放管理和登记制度法规、办法、标准、管理措施；垃圾清运、分类、回收体系和设施建设相关标准、管理技术措施</td></tr>
<tr><td>执行层</td><td>食物生产减量管理和节能减排执行机制、制度细则</td><td>减量化食物流管理；节约型冷链/储藏保鲜分销管理技术政策、细则和制度</td><td>消费引导、市场监管制度细则、奖惩措施；促进食品多元化及成品化，净菜产品的认证、采购、绿色包装、管理补偿等措施；限塑令等减量消费法规</td><td>垃圾成本分担责任机制监督、奖惩的长效机制；垃圾排放、分类、处理全过程登记、物流跟踪监管制度、实施标准办法；垃圾回收分类实施细则</td></tr>
<tr><td colspan="2">激励</td><td>市场准入、生产补贴、政策扶持、奖励等</td><td>价格补贴、经济激励、政策优惠和引导</td><td>价格补贴、经济激励、政策引导</td><td>经济激励、引导；再生资源产业政策扶持、市场保障</td></tr>
</table>

过程 管理	生产	储运分销	消费	废物排放回收处理
公众参与	食品质量监督、行业监督、市场监督、公众监督；宣传教育	食品质量监督、行业监督、市场监督、公众监督；宣传教育	宣传教育引导，奖励等激励措施，民间组织和群众团体的参与推进	宣传教育，公众体验，环保社团，企业参与

5. 食物垃圾物质流过程减量模式综合效益情景分析——以北京市为例

（1）成本收益核算说明

据北京市城市管理委员会统计，北京市生活垃圾收集、运输、处理的全过程成本为 400～500 元/t；而厨余垃圾的全过程处理成本约为 243 元/t。按照生活垃圾日产 2.2 万 t 估算，厨余垃圾产生量约 1.32 万 t/d，年产厨余垃圾 482 万 t。垃圾强制分类实施后厨余垃圾分出处理率得到大幅提升，截至 2021 年 1 月，厨余垃圾分出率达到 21.78%左右，则分出和处理厨余垃圾 105 万 t/a。

表 4.11 成本说明

处理方式	混合收集—焚烧	混合收集—填埋	分类收集—焚烧	分类收集—填埋	有效分类—焚烧
社会成本/（元/t）	1 457.9	947.9	1 595.0	1 067.9	1 184.8

所分出的 105 万 t 厨余垃圾按照传统方式处理，在基准和较快模式两种情景下的各环节总的处理成本每年约为 21.6 亿元。假设全过程减量至少减少 35% 的厨余垃圾产生量，因此，较快情景下垃圾

处理成本约 14.08 亿元/a。

（2）情景假设及其经济核算

情景分析是在定量分析的基础上结合大量定性分析，是对未来可能发生的确定或者不确定性事件所作的一种假定，并比较分析各种假定情境的影响过程。这里通过假设 3 种不同情景模式，说明厨余垃圾物质流过程减量的经济效益以及对环境的影响。

第一种模式：基准情景，即延续重视垃圾末端处理，未真正致力于实现全过程的资源减量管理的情景。由于北京市厨余垃圾末端处理以堆肥为主要处理方式，未能够进入末端堆肥处理的部分厨余垃圾随生活垃圾一起焚烧或填埋处理。

第二种模式：较快情景，虽然未实行全物质流过程减量控制，但在末端环节实现垃圾资源化处理。这种情况下与基准情景一样，未进入末端堆肥处理的部分厨余垃圾会随生活垃圾一起焚烧或与其他垃圾一同填埋处理。本书以苏州模式、兰州模式、重庆模式为主要资源化模式，通过比较选择一种更优模式。

第三种模式：快情景，即实现全过程减量，回收处理也实现了资源化。减量比例参照经验值设定，以通过消费净菜减少 15% 和通过垃圾分类回收减少 20% 为最低标准，设最少垃圾减量比例为 35%，资源化模式以较快模式为准。

①较快情景。假设 1 t 厨余垃圾产生工业油脂 60 kg，沼气 105 m³，固态肥料 57 kg；同时，工业油脂作为交通燃料，以 6 000 元/t 计量，1 t 厨余废物的收益是 360 元。沼气发电，1 t 餐厨垃圾产生电量 210 kW·h，以 0.8 元/（kW·h）计量，收益是 168 元；同理假如化肥以 800 元/t 计算，产生的收益是 45.6 元，天然气产生的收益是 55 元。兰州模式，即采取好氧堆肥资源化方式，1 t 餐厨垃圾产生的总收益是 573.6 元/d；苏州模式，即湿热处理和厌氧发酵技术效益分析，产

生的收益是 415 元/d；重庆模式，即厌氧发酵+热电联产，每日收益为 354.04 元。综合考虑以下 3 种资源化综合利用模式，由于兰州等城市资源化利用方式收益较高，假设选择兰州模式，作为较快情景的资源化方案，在该模式下处理 105 万 t 厨余垃圾，则总年收益为 17.28 亿元。

②快情景。在基准情境下，北京市厨余垃圾无害化处理主要用于堆肥。根据 1 t 厨余废弃物 1 d 可产固态生物肥料 57 kg，若生物肥料的价格为 800 元/t。那么 105 万 t 厨余垃圾一年可获利约 3 456 万元。

（3）环境外部性估算和说明

①生活垃圾混合填埋产生的 CO_2。在生活垃圾填埋场，生活垃圾填埋主要产生填埋气，假设其中 66%可收集利用，1 t 生活垃圾产生 250 m^3 填埋气，其中 34%泄漏至空气中，绝大部分是甲烷、二氧化碳、一氧化碳，近似看成二氧化碳排放量。

假设基准情景为不采取垃圾强制分类，则厨余垃圾分出量约 7.66 万 t/a，还有约 474 万 t 厨余垃圾混入生活垃圾中，混入生活垃圾产生的 CO_2 排放量约 3.9 亿 m^3，约合 76 万 tCO_2，堆肥处理年 CO_2 产量约 407 t，CH_4 排放约 287 t，NH_3 约 35 t，H_2S 约 10 t，产生渗滤液约 6 789 t。

截至 2021 年 1 月，北京市厨余垃圾分出率达到 21.78%，达到较快情景，按照此比例估算，则北京市分出并处理了约 2 875 t/d 厨余垃圾，相当于全年分出并处理 105 万 t，还有约 377 万 t 厨余垃圾混入生活垃圾，较快情境下混入生活垃圾产生的 CO_2 排放量约 3.1 亿 m^3，约合 60 万 tCO_2；而全过程减量则产生约 2.5 亿 m^3CO_2，折合 48.75 万 t，相比较快情景约减排 19.2%，这也是开展末端垃圾分类部分的毛减排量（未计入堆肥和生化处理等过程的排放量）。

②堆肥产生的废气与废水。研究表明，垃圾堆肥过程中产生大

量废气，每 200 t 厨余垃圾每日的 CO_2 产量为 800 kg，CH_4 的排放量为 58 kg，NH_3 的排放量为 7 kg，H_2S 的排放量为 2 kg，渗滤液为 13.667 t。按照北京市年分出并处理的量为 105 万 t 计算，得到在较快模式下，堆肥年 CO_2 产量约 5 580 t、CH_4 约 3 930 t、NH_3 约 474 t、H_2S 约 135.4 t、渗滤液为 9.3 万 t。同理，在快情景模式下，堆肥产生 CO_2 为 8 928 t、CH_4 约 6 288 t、NH_3 为 758 t、H_2S 为 216.64 t、渗滤液为 14.88 万 t。

③制备生物柴油、沼气的 CO_2 排放量。根据兰州模式垃圾回收处理的相关数据，1 t 餐厨垃圾 1 d 可产工业油脂 60 kg，结合经验值 1 kg 柴油完全燃烧产生 3.1 kgCO_2，得到在较快情景下的柴油的 CO_2 年产量约 19.5 万 t。若制备沼气，则 1 t 餐厨垃圾产生沼气 105 m^3，1 m^3 沼气完全燃烧产生 0.96 m^3 的 CO_2，计算得到沼气燃烧的 CO_2 值为 1.1 亿 m^3，折合 2.1 万 tCO_2。在快情景模式下，厨余垃圾减量较多，因此柴油产生的 CO_2 约 31.4 万 t，沼气产生的 CO_2 1.7 亿 m^3，相当于 3.3 万 tCO_2。

可见，从 CO_2 减排视角来看，堆肥和制备沼气的技术排放量相对较少。

（4）综合收益的比较

如表 4.12 所示，3 种情景下成本效益对照分析显示，从垃圾处理成本来看，较快情景模式下垃圾处理成本较少。经济效益分析，基准情景最少，较快情景的经济利益最多，快情景次之。在环境效益方面，快情景的污染物较少。快情景模式，能兼顾经济效益，体现了减量模式的优越性，即全过程减量与资源化将会达到较好的经济效益、社会效益、环境效益。

表 4.12   北京市餐厨垃圾减量模式综合效益表

项目	基准情景	较快情景	快情景
处理成本	21.6 亿元/a	21.6 亿元/a	14.08 亿元/a
经济收益	3 456 万元/a	17.28 亿元/a	12 亿元/a
环境的负外部性	1. 混入生活垃圾填埋产生的 CO_2（亿 m^3）：3.9 2. 堆肥产生的废气污染（t/a） CO_2 407 CH_4 287 NH_3 35 H_2S 10 3. 堆肥产生的渗滤液（万 t/a）0.68 4. 柴油产生的 CO_2（万 t）1.4 5. 沼气产生的 CO_2（万 t）0.15	1. 混入生活垃圾填埋产生的 CO_2（亿 m^3）：3.1 2. 堆肥产生的废气污染（t/a） CO_2 5 580 CH_4 3 930 NH_3 474 H_2S 135.4 3. 堆肥产生的渗滤液（万 t/a）9.3 4. 柴油产生的 CO_2（万 t）19.5 5. 沼气产生的 CO_2（万 t）2.1	1. 混入生活垃圾填埋产生的 CO_2（亿 m^3）：2.5 2. 堆肥产生的废气污染（t/a） CO_2 8 928 CH_4 6 288 NH_3 758 H_2S 216.6 3. 堆肥产生的渗滤液（万 t/a）14.88 4. 柴油产生的 CO_2（万 t）31.4 5. 沼气产生的 CO_2（万 t）3.3
综合效益评价	负外部性与不经济	经济但负外部性较大	经济且负外部性较小

（六）本章小结

食物资源物质流过程减量管理，是人们追求绿色低碳生产生活与资源环境管理措施相互作用才能产生最好的结果。管理与被管理对象行为协同性不良是制约垃圾管理效率的重要原因，并难以形成生活垃圾多元共治的集体行动。从管理与响应行为协同的角度，研究物质流过程资源减量管理系统的构成和管理体系、机制，可以为解决垃圾全过程减量管理提供新的思路。

推动食物流过程垃圾减量管理，体现了避免产生优先、过程优化管理和系统资源减量的原则。基于物质流生命周期的思想，对城市生活垃圾减量过程管理系统进行了重新界定并研究食物垃圾减量管理模式；构建食品物质流过程减物质化分析框架模型，建立了包括管理、设施外部环境影响因素及感知、行为等内在心理认知因素构成的指标体系；提出了行为主体对食物垃圾减量管理的绿色感知强度指数和行为绿色强度指数概念并分析食物垃圾减量管理—认知—行为缺口；以北京市食物垃圾管理问卷调查为实证研究，分析垃圾减量管理手段与绿色感知强度和绿色行为之间的互动关系规律，研究食物物质流过程从外部管理、基础设施等手段内化为主体的资源减量认知、态度和行为的规律。

从宏观层面重新界定食物垃圾物质流过程减量管理框架体系：基于物质流生命周期过程减量管理的思想，构建横向由食物流动供应链管理系统，纵向由战略、战术、执行三个管理层次构成的食物垃圾减量管理体系，并提出系统管理流概念；按照横向物质流体系的 4 个环节和纵向三个管理层次构成的管理系统研究框架，基于北京市食物垃圾减量管理现状，梳理北京市食物垃圾减量管理清单并识别管理缺口；同时将北京市食物垃圾减量管理体系缺口、城市主体垃圾减量管理—认知—行为缺口结合对照分析，最终构建一个横向管理为食品物质流过程，纵向管理采取强制、激励、公众参与等多种管理手段组成的北京市食物垃圾减量管理矩阵。

通过宏观过程管理系统分析结合微观的管理与主体的感知—行为协同性的调查研究，梳理、归纳研究食物垃圾减量模式，可得出如下结论。

①食物垃圾减量系统是物质流过程中生产、消费、垃圾分类回收、处理等过程管理协同联动的有机整体。

②产生和处理食物垃圾的行为主体在其对于保护环境感知和实施绿色减量行为之间存在显著缺口（心理感知认知与行为不协同或行为显著滞后）。垃圾减量社会规范及习惯的形成受绿色价值观、环保责任意识和管理水平的制约，需要在研究追溯主体行为心理学动因的同时，更注重结合宏观管理等外部因素与主体感知和行为之间的交互作用进行机理分析，以提升管理与行为的协同性。

③管理矩阵法运用于垃圾过程减量系统管理具有合理性，其基本理念是贯彻物质流过程垃圾减量优先及"3R"原则，并实现系统管理。描述和构建物流过程垃圾减量管理体系，在战略、战术、执行 3 个层次上，将垃圾减量管理的原则、目标、计划，以及相应制度、标准和执行措施、实施细则等进行系统化实现，形成有效的管理体系和管理机制。

④基于提升管理与被管理对象行为的协同思想，对管理缺口进行补充完善，需要进一步在食物生产加工和储运分销过程中，完善以循环经济"3R"原则指导下的过程资源减量管理的目标、计划、原则，相关标准以及实施细则等，同时，与倡导绿色消费相结合，在回收阶段注重建立和落实垃圾的责任分担制度、排放登记跟踪制度、一体化的分类回收体系、回收标准和执行细则，并扶持再生资源产业，保障支持再生资源市场等都是系统管理不可或缺的有机组成部分。

五、废旧纸制品垃圾减量模式
实证研究

随着城市的发展，城市生活垃圾不断增加，在环境污染和资源紧缺的当今社会，垃圾是一种放错位置的资源，不断开发"城市森林""城市矿产"成为城市生活垃圾管理的新时尚。随着经济社会发展，垃圾中的废旧纸制品占比快速提高。纸的生产和消费消耗大量的木材资源并产生大量的污染，废纸作为一种重要的再生资源，其回收循环利用具有重要的意义。1 t 废纸可生产品质良好的再生纸 800 kg，节省木材 3 m³，同时节水 100 m³，节省化工原料 300 kg，节煤 1.2 t，节电 600 kW·h。由中国造纸工业 2020 年度报告可知，2020 年国内废纸回收率仅为 46.5%，与 2015 年的美国（65.4%）、日本（75%）、德国（71%）的差距较大。大量废纸混入生活垃圾中被填埋、焚烧，浪费资源、占用土地、污染环境。研究减少废纸的产生量，废纸产生后进行充分分类回收和再利用具有重要意义。

（一）废旧纸制品的产生和回收利用概况

1. 废旧纸制品的组成和来源

（1）废旧纸制品的概念和组成

废纸泛指在生产生活中经过使用而废弃的纸制品资源，包括各种高档纸、黄板纸、废纸箱、切边纸、打包纸、企业单位用纸、工程用纸、书刊报纸等。

（2）废纸的主要来源

废纸制品主要来源于企业、办公场所、纸张加工厂（印刷、装订工厂，切纸厂，纸盒和纸箱的生产工厂）、报社、社区、商店和商业设施（购物中心、车站、市场、餐饮店、超市）等地。

2. 废旧纸制品具有较大回收利用的意义

（1）废旧纸制品对生态环境的不利影响

废旧纸制品具有一定时间内不容易分解、对土壤带来污染的环境影响，而且造纸业生产过程消费更多的木材，会造成过多砍伐森林、破坏植被现象，以及生产过程产生大量环境污染（包括水、大气污染等）。随着经济高速发展，对于纸制品的消耗呈不断增加的趋势。

（2）废旧纸制品回收利用的意义

①降低成本，节约材料。

废纸的回收对于造纸工业具有十分重要的意义，并且可以获得可观的经济效益。世界上废纸回收率最高的国家或地区依次为我国香港特别行政区、德国、韩国、日本、我国台湾省，21 世纪初期，我国香港特别行政区和德国废纸回收率分别高达 88.2%和 71%。废纸利用率最高的是墨西哥和韩国等，墨西哥的造纸绝对依赖于废纸原料。从总体来看，对废纸的回收利用是普遍趋势，不过，由于各国技术水平、政策法规等方面的差异，具体的利用状况差别较大。

全球废纸回用于制浆造纸的趋势将持续下去，除各国内部消耗大量废纸外，少部分用于出口，目前全球造纸业的生产与贸易重心逐渐由欧美发达国家（地区）向以我国为代表的亚太地区和以巴西为代表的拉美地区转移。我国造纸工业已经初步呈现国际化、集中化、专业化的态势和格局。我国已成为世界上最大的废纸进口国和消费国，但随着国家对于进口废物的管控，进口"洋垃圾"被禁止，此举也旨在提高国内本地废弃物的回收消纳能力。

②保护森林。

世界每年用于造纸的木材消耗量大约占木材产量的 35%，并且不断增长，到 22 世纪可能达到 50%。若按 1 t 造纸消耗 4 m³ 木材计算，北京市城市生活垃圾中的废纸每年至少 50 000 t，则相当于北京人在不经意中砍伐了 200 万棵大树。如果用废纸回收制造再生纸则可减少砍伐森林，所以，废纸有"城市森林"之称。

③减少水污染。

每回收 1 t 废纸可使约 470 t 水免遭污染。因废水处理和碱回收投资大，很多小造纸厂没有水处理或碱回收设施，1 t 造纸废水可影响几万立方米水域的鱼类生存。造纸工业在工业污染行业中污染负荷名列前茅，一个造纸厂就可以污染一条河流，回收利用废纸是保护水资源、缓解水污染的有效手段之一。

（3）废旧纸制品具有广泛的再生用途

纸张的原料主要为木材、草、芦苇、竹等植物纤维，废纸又被称为"二次纤维"，最主要的用途还是纤维回用生产再生纸产品。根据纤维成分的不同，按纸种进行对应循环利用才能最大限度地发挥废纸的资源价值。废纸回收利用有多种途径，如：①制造再生纸。这是废纸最广泛的利用途径。不仅可以用来制造再生包装纸，而且用来制造再生新闻纸。法国一家造纸公司，成功地开发出新闻纸再生的新工艺。这一新工艺包括脱墨、纸纤维的净化、吸走油墨及杂质、造纸 4 道工序。②生产酚醛树脂。日本王子造纸公司成功研发了将废纸溶于苯酚中用来生产酚醛树脂的新技术。因苯酚与低分子量的纤维素和半纤维素相结合，故制成的酚醛树脂强度比用苯酚和乙醛为原料所制成的产品强度高，热变形温度比以往的酚醛树脂高10℃。③制作家庭用具等。在新加坡等地，人们利用旧报纸、旧书刊等废纸原料，卷成圆形细长棍，外裹塑胶纸，手工编织地毯、坐垫、提包、猫窝、门帘，甚至茶几、床等家庭用具。在制作时，可根据各种家庭用具的不同造型，卷编出不同的图案，再饰以色彩，使制作出来的家庭用具既实用又美观。④压制胶合硬纸板。捷克斯洛伐克的科技人员，在温度为80℃的条件下，采用5层废纸和合成树脂，共同压制成一种胶合硬纸板，其抗压强度比普通纸板高2倍以上。用这种胶合硬纸板制成的包装箱，能使用钉子和螺丝钉，并能安装轴承滚轮，其牢固性几乎和用胶合板制成的包装箱一样。

（4）我国废纸回收产业仍需大力发展

木材作为原生资源是十分重要的基础性资源，其数量、分布、开采和利用直接关系生产力布局以及经济社会可持续发展。所以提高资源利用率、促进资源的循环利用成为目前国际经济社会发展的重要课题。而废纸的回收利用正好也是本研究的成果。在人类还使用纸质资源的时代，对废纸的回收利用是大势所趋，也是必须实施的举措。在我国，由于森林覆盖率较低，木材数量有限，而且对纸的需求量又较多，所以随着废纸制浆的不断发展，近年来，我国的纸和纸板消费量大幅增加，同时，废纸回收无论在量上还是在比例上都有了很大提升，为造纸业提供了很大一部分原料，另外，废纸进口量也迅猛增长。由于废纸制浆的发展，我国对废纸的需求量日益增加，但是国内废纸回收过程属于市场自发组织，规模化产业化不够充分，在废纸原料质量、分拣、储存等方面尚缺乏统一有序的管理，也缺乏相关的规范标准和细则。因而国内废纸回收存在以下不足：废纸回收率较低、回收量较少、缺乏规模效应，影响了再生资源的充分利用；废纸回收没有大规模产业化，缺少统一的质量标准，导致废纸原料回收质量低、价格高；没有严格的标准化分拣，造成不同种类、不同等级的废纸混等、混级；废纸收购商少有废纸仓库，一般露天存放造成废纸原料质量难以保证等。

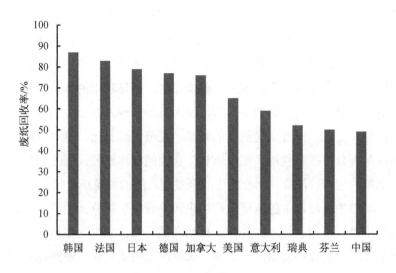

图5.1 各国废纸回收水平

（5）废纸的回收再生领域的研究范畴和内容

在废纸回收领域，已有研究主要集中在两个方面：一是纸的生产过程即造纸工业生命周期对环境的影响研究；二是废纸产生后的回收利用的研究。相对缺乏对纸及纸制品从生产到废弃、回收利用的纸物质流全过程的减量化和资源化研究。从纸和纸制品的物质流视角，研究纸和纸制品的全过程的减量化。以"减量化、资源化、再循环"为原则，废纸的回收利用并不是终极目的，而减少废纸的产生、节约用纸、纸资源循环才是重点，实现纸和纸制品的全过程减量，即从纸和纸制品的生产、消费到最终的回收利用资源化的整个过程都注重体现资源减量，形成物质流全过程资源减量管理模式。

　　废纸泛指在生产生活中经过使用而废弃的可循环再生利用的资源，包括各种高档纸、黄板纸、废纸箱、切边纸、打包纸、企业单位用纸、工程用纸、书刊报纸等。废纸具有很高的回收利用价值，被称为"城市森林"，废纸的节约、循环和回收利用对经济、社会的可持续发展具有重要的意义。由于经济社会的发展、人口的增加、生活方式和消费方式的转变，纸的消费量不断增加，节约用纸的思想理念淡薄、分类回收制度的不健全、废纸循环利用的体系与机制不健全，以及回收渠道的不合理，使大量废纸混入城市生活垃圾中被填埋、焚烧，浪费宝贵的纸的资源。废纸的减量化、再利用和再循环是充分挖掘和利用"城市森林"资源的根本途径。纸的减量化是从纸的生产、消费和回收利用的全过程系统的资源减量化。

　　城市生活垃圾中的废纸从产生来源看主要可分为生活用纸、包装用纸、书籍、课本、期刊、报刊和书写纸，归类为生活用纸、包装用纸和文化办公用纸三大类。每种废纸的减量化、资源化路径方法各不相同，减量回收潜力也不同，本书应用物质流代谢理论，在充分梳理纸的生产、消费、回收利用和末端处置过程的基础上，分析资源减量化途径，提出各种废纸的减量化措施，分析纸的物质流过程的减量化潜力。

3. 废纸的物质流分析

（1）纸物质流系统

　　纸的物质流动过程包括原材料的开采、生产、消费、回收利用和末端处理，因原材料开采环节的特殊性，数据可得性较差，本书未包括在内，主要分析了纸的生产、消费、回收利用和末端处理的物质流动的特点，通过分析资源减量化的关键环节，提出相应的减量化的措施。

（2）纸制品物质流分析——以北京市 2019 年为例

①生产环节。北京市的纸来源于外省（市）和进口的量占 93%，本地纸的生产量仅占 7%，生产环节废纸浆占全部纸浆的比例为 65%，废纸制浆减少了废物的产生，实现了生产环节的减物质化。

②消费环节。2019 年北京市纸的消费量为 331 万 t，主要为生活用纸、包装用纸和文化用纸，消费数量很大，消费需求旺盛，人均纸的消费量约为全国人均纸的消费量的 2 倍，因此消费环节是纸的减量化的关键环节；其中包装用纸和文化用纸消费量占 90% 以上，是纸资源减量化的重点。

③废纸的回收利用环节。通过计算得出，北京市废纸的回收利用量占纸制品消费量比重约 46%，通过纸制品物质流代谢分析（图 5.2），可以看出，主要是由包装用纸的低回收率和文化办公用纸的大量废弃导致的。因此，在回收利用环节包装用纸和办公文化用纸的减量化和资源化是重点。

④废纸的最终处置环节。可以看出，除经一次分拣外，大量废纸混入城市生活垃圾中随同城市生活垃圾一同处理，使宝贵的纸资源被填埋和焚烧，浪费大量的资源并污染环境，因此废纸的源头分类回收是减量化的重点。据统计，北京市城市生活垃圾中废纸总量约 178.5 万 t，其中除了生活用纸难以回收，大部分废纸制品还是可以回收利用的。按照包装用纸和文化用纸若回收 80% 估算，有 94.4 万 t 的废旧纸制品可以回收利用，占总的纸制品消费量的 28.5%，同时减少约 71 万 t（减少 75% 的废弃物）的最终处置量，相当于可生产品质良好的再生纸约 75 万 t、节水 94 万 t、节省化工原料 31.5 万 t、节煤约 113 万 t。

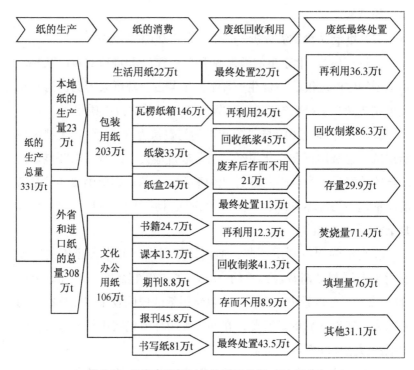

图 5.2　北京市纸循环的物质流分析（2019 年）

数据来源：《北京市统计年鉴》《造纸工业发展报告》、北京市城市管理委员会统计数据及再生资源利用网等数据计算整理。

综上所述，纸的资源减量化的关键环节是消费环节和分类回收环节，减量化的关键领域是包装用纸和文化办公用纸的减量化。

计算说明：

据造纸工业年度发展报告，以全国为标准计算得出北京市纸和纸制品的消费总量为 331 万 t。据北京工业循环经济服务平台统计数据，北京市纸和纸制品的本地产量为 7%，来自外省（市）和进口的纸占 93%，因此本地纸和纸制品的生产总量约为 23 万 t，外省（市）

和进口的总量约为 308 万 t。

据北京市城市管理委员会统计数据，2019 年北京市生活垃圾清运量为 1 011.2 万 t，其中废纸的最终处置总量约为 178.5 万 t，按垃圾最终填埋、焚烧、其他处理方式的比例，填埋、焚烧、其他处理废纸量分别为 76 万 t、71.4 万 t、31.1 万 t。

据余渡元的研究，我国大中城市的包装废弃物约占城市废弃物总体积的 1/2，总质量的 1/3，而纸包装占包装材料的 40%，通过以上数据可以得出北京市生活垃圾中包装废纸的总质量为 135 万 t。

由 Esko 的报告得出北京市人均生活用纸的消费量为 10 kg，2019 年北京市常住总人口为 2 154 万，生活用纸消费总量约 22 万 t，生活用纸难以回收利用，全部进入最终处置环节。其他数据根据卢伟的研究按照不变比例估算得出。

（3）废纸减量化的相关主体类型

废纸减量化的主体指实施废纸减量化的单位和个人。

①从废纸的物质流角度，实施纸资源减量化的主体可分为生产环节的主体（生产者）、消费环节的主体（消费者）、回收利用环节的主体和末端处理环节的主体（回收和处理者）。

②从废纸分类的角度，实施减量化的主体可分为生活用纸减量主体、包装用纸减量主体和办公文化用纸减量化主体。

③从废纸的来源和特点角度，废纸减量化的主体可分为政府企事业单位、居民和学校等。

综合纸的物质流分析可得出资源减量的关键环节和主要领域，而从废纸的来源和特点角度可界定废纸的减量化的主体，城市生活垃圾中废纸的减量化的主体主要为居民、学校和企事业单位以及分类收集和回收的企业及部门。

（二）基于物质流代谢分析的废纸的减量化途径及指标体系的构建

1. 基于物质流分析的纸和纸制品的减量化途径

（1）纸制品基于物质流减量管理的过程环节

从图 5.3 可以看出，纸的减量化的过程包括生产过程、消费过程、回收利用过程和末端处理过程，每一过程应采取的减量化措施各有不同。城市生活垃圾中纸的分类主要是分出生活用纸、包装用纸和文化办公用纸。

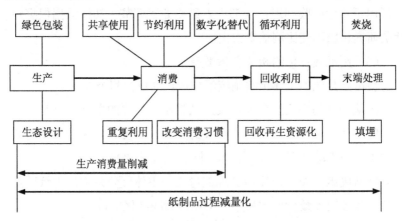

图 5.3　基于物质流分析的纸和纸制品减量化流程

（2）纸制品减量化途径分析

结合纸的物质流分析，可以得出始于生产的供应链全过程的纸的减量化途径主要包括：

①生产过程。在此过程中，纸的减量化途径主要包括包装用纸的生态设计、生产和推广绿色包装、生产过程中的包装物回收和不

断提高再生纸的利用率。

②消费过程。消费过程的减量化主要包括生活用纸的节约利用和可重复用品的替代（如用手帕替代纸巾等），包装用纸的重复利用、回收循环和替代、改变消费习惯、绿色消费，办公文化用纸的重复利用、共享使用、无纸化办公、数字化多媒体替代，节约用纸和减少纸质用品的使用等。

③回收利用过程。回收过程的减量化途径主要包括科学分类、循环利用和回收再生利用以及不能回收资源化的部分综合利用等。

④末端处理过程。主要包括合理安排不能回收、循环利用和资源化处理的最终达到垃圾处理环节的废纸制品，根据废纸的特点合理安排焚烧和其他处理方式的比例，使不能再利用的废纸合理处置并使环境影响最小。

这里将生产环节和消费环节纸的减少量称为生产消费削减量，末端处理环节之前的全部减少量为废纸的过程减量化总量。

2. 纸制品的纸物质流过程减量化指标界定及指标体系构建

（1）绿色消费纸节约比率

绿色消费是社会经济可持续发展的保障，在纸和纸制品的消费中，源头节约用纸是实现纸制品绿色消费和废纸减量化的重要途径。例如，生活用纸的节约利用，办公用纸的合理利用、正反面打印，学生书写本的正反面利用，通过减少购买次数，改变购买习惯、共享和循环利用报刊书本等，并减少包装废纸的产生量。节约利用是实现废纸减量化的重要途径。纸的节约利用率可以定义为纸制品绿色消费节约率，其为纸的节约量除以纸的消费总量。

（2）绿色纸包装替代率

我国包装工业发展迅速，每年包装物产量 3 000 多万 t，其中纸包装占包装物总量的 30%以上，包装物寿命较短，80%的包装在一次性使用后即被废弃，我国近 50%的包装存在过度包装。因此，实行绿色包装，按照"3R1D"（reduce、reuse、recycle、degradable）原则的包装物的减量研究是减少包装废弃物的主要思想。绿色包装是包装业可持续发展的途径，有利于减少纸包装的利用总量，并实现包装用纸的减量化。绿色纸制品包装的减量率可以用绿色纸包装的替代使用量除以原有纸和纸制品包装的消费量。

（3）纸制品共享替代率

纸媒体的共享替代率即与他人共同使用，图书馆、公共阅览室等的共同使用而减少的书籍、报刊的消费量，从而减少废纸的产生量，提高纸媒体的共享率可以实现纸和纸制品的减量化。书籍、期刊和报刊的共享是共享经济发展的重要内容之一，也是社会不断进步的表现。通过共享阅览减少的纸和纸制品的消费量可以定义为纸制品共享替代率，纸制品共享替代率为共享替代量除以纸和纸制品的消费量。

（4）数字化替代率

数字化是将纸质图书、报刊等通过计算机技术、多媒体技术以及互联网技术转化为无纸化的数字化阅读。据 2016 北京国际出版论坛，2015 年中国国民数字化阅读率达到 64%，超过纸质图书阅读率 5.6 个百分点，其中 60%的成年国民曾进行过手机阅读。随着计算机技术的发展和多媒体的广泛应用，网上阅读、电子图书的使用已成为不可阻挡的趋势和潮流。在全球数字化和互联网飞速发展的大背景下，纸媒多媒体化、数字化阅读减少了纸质图书的消费量，从而减少了纸张的消费，进而减少了进入回收利用阶段的废纸量，会大幅实现纸和纸制品的减量化。

纸和纸制品的数字化替代率为数字化替代量除以纸和纸制品的

消费量。

（5）纸制品循环利用率

本书所指的循环利用是不经二次加工直接利用的，如图书通过二手书交易市场或网站实现再利用，包装用纸的直接二次利用，课本多次循环使用等。我国课本的利用周期为半年，而美国等一些国家教科书可循环利用 8 次，利用时间可长达 5 年。因此提高纸和纸制品的重复利用率和利用程度可以显著推动纸和纸制品的减量化。目前，我国部分地区在中小学已经进行教科书免费循环使用试点。2005 年，山东省青州市在初中、小学推行教科书循环使用。据统计，经过近一年的探索，全市一学期就少订课本 32 万册，节约资金 150 多万元，以平均 1 本课本 0.3 kg 计算，可节约用纸 96 t，可见再循环利用的减量潜力巨大。

循环利用率为纸和纸制品的循环利用量除以纸和纸制品的消费量。

（6）回收利用率

废纸的回收利用是指废纸回收进入生产环节生产再生纸。1 t 废纸可生产品质良好的再生纸约 800 kg，节省木材、水、电、煤炭等原料和能源，减少 75%的废弃物。纸和纸制品的分类回收利用具有重大的经济效益、社会效益和环境效益，是废纸的减量化、资源化的关键环节，目前我国废纸的回收率还有较大提升空间，主要原因包括：废纸分类回收标准不明确；垃圾分类回收率不够高；居民分类回收意识和行为滞后等，提高废纸的回收率对减量化具有重要意义。

废纸回收利用率等于废纸的回收利用量除以纸和纸制品的消费量。

综上所述，通过各种减量途径和减量化指标体系，可以得出纸的预期可减量和减量潜力，为实现纸的减量化研究奠定基础。将纸的消费总量定义为 K，各种减量途径下可减总量定义为 X_i，各种减量比率定义为 Y_i，将纸的预期减量总量定义为 M，总的减量率定

义为 N，则

$$M = X_1 + X_2 + X_3 + X_4 + X_5 + X_6 \quad\quad (5-1)$$

$$N = \frac{X_1 + X_2 + X_3 + X_4 + X_5 + X_6}{K} \quad\quad (5-2)$$

$$= Y_1 + Y_2 + Y_3 + Y_4 + Y_5 + Y_6$$

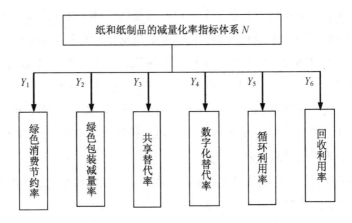

图 5.4　基于物质流过程的纸和纸制品的减量化指标体系

3. 包装用纸和办公文化用纸的现状分析及减量化指标体系的构建

废纸作为一种重要的可再生资源，其回收利用具有重要的意义。我们将城市生活垃圾中的废纸归类为生活用纸、包装用纸和办公文化用纸，并对每种品类纸进行了细分，每类废纸的减量化途径各不相同，减量潜力也不相同，废纸减量的关键是推行绿色纸制品消费和废纸回收利用。

通过前面分析可以看出，包装用纸和办公文化用纸的消费总量较大，废纸产生量巨大，回收利用不够充分，资源减量途径有多种，减量潜力较大。因此进一步通过研究包装用纸和办公文化用纸的减量化来计算废纸的减量潜力。

（1）包装用纸物质流过程的减量指标体系的构建

①北京市包装用纸的现状分析。

包装用纸主要指瓦楞纸箱、纸袋和纸盒。随着经济的发展，人们购买习惯和消费方式的改变，包装用纸的消费量在不断增加。例如，随着电子商务的发展和网络购物的兴起，快递包装以井喷式的速度增长。有公开数据显示，包裹垃圾增量成为近几年城市生活垃圾增量的主要因素，大中城市电商包装垃圾占清运生活垃圾增量的85%；其中塑料垃圾占比从12%上升到20%左右，纸类垃圾占比从9%上升到14%左右。快递包装一次产生量大、储存占用空间大、废纸回收价格低、主要来源为社区中的居民，特别是拥有新的消费观念和生活理念的年轻的消费群体。因此，快递包装随意丢弃混入城市生活垃圾中比重较大，其中一部分包装废纸被拾荒者回收，但另一部分混入城市生活垃圾被最终处置，回收利用率难以跟上纸质废旧包装产生的速度和数量。

2019年，北京市包装用纸的消费总量约203万t，约占纸制品消费总量的61%，混入城市生活垃圾中被最终处置量为113万t，包装用纸的废弃率高达56%。存而不用量21万t，暂时储存于社区居民、企事业单位和学校等地，占用空间，没有产生经济价值和社会价值。回收利用率仅为34%，低于全国总体的废纸回收率。

②包装用纸的减量化指标体系的构建。

通过对包装用纸的现状分析，结合纸和纸制品的物质流过程的减量化途径及纸制品总体减量化率指标体系，构建包装用纸的减量化率指标体系，进一步研究包装用纸的减量总量和减量潜力。

包装用纸的减量环节包括生产环节、消费环节、回收利用环节。

其中，生产环节的减量化途径为绿色包装、生态设计等；消费环节的减量化途径为改变购买习惯、转变消费方式和合理消费理念、重复使用等；回收利用环节的减量化途径为循环利用和回收利用等。通过对各个环节的减量化途径的分析，可以得出包装用纸的减量化的指标体系如图 5.5 所示。

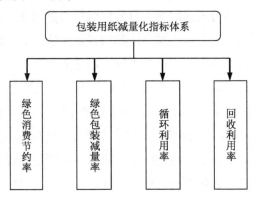

图 5.5　包装用纸的减量化指标体系

③包装用纸减量总量及减量潜力的计算。

结合前文构建的纸的减量化率指标体系，包装用纸减量的总量即为包装用纸的绿色消费节约量、绿色包装减量总量、循环利用量和回收利用量之和。包装用纸的减量率为绿色消费节约量、绿色包装减量总量、循环利用量和回收利用量之和除以纸的消费总量。包装用纸的减量总量为 M_1，减量比率为 N_1，各种减量途径的包装用纸的减少量为 X_{1i}，减量率为 Y_{1i}，则

$$M_1 = X_{11} + X_{12} + X_{15} + X_{16} \tag{5-3}$$

$$N_1 = \frac{X_{11} + X_{12} + X_{15} + X_{16}}{K} \tag{5-4}$$
$$= Y_{11} + Y_{12} + Y_{15} + Y_{16}$$

（2）办公文化用纸的物质流全过程减量指标体系的构建

①北京市办公文化用纸的现状分析。

通过统计数据及调查分析得出北京市办公文化用纸的消费总量及回收利用量，并进一步细分了书籍、课本、期刊、报刊和打印书写纸的消费总量（图5.6）。通过上文分析的减量化的途径和指标体系，构建办公文化用纸全过程的减量化指标体系，进而分析办公文化用纸的减量总量和减量潜力。

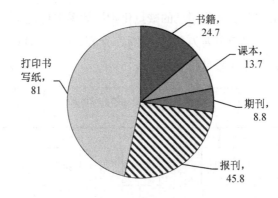

书籍，24.7
课本，13.7
期刊，8.8
报刊，45.8
打印书写纸，81

（a）消费总量（万t）

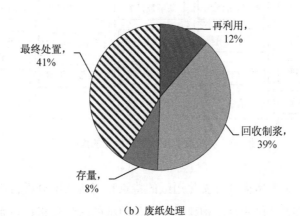

再利用，12%
回收制浆，39%
存量，8%
最终处置，41%

（b）废纸处理

图5.6 北京市办公文化用纸的消费总量和废弃总量

北京市办公文化用纸消费总量为 106 万 t,占北京市纸消费总量的 32%。废纸最终进入城市生活垃圾中被处置量为 43.5 万 t,办公文化用纸的废弃率高达 41%,加上存而不用的,办公文化用纸的回收利用率为 51%,虽远高于包装用纸的回收率,但还是低于我国废纸的回收利用的适度水平。办公文化用纸的回收利用价值大于包装用纸,回收利用的技术难度和复杂性较低,减量化途径更多,减量化研究具有重要意义。

②北京市办公文化用纸的减量化指标体系的构建。

办公文化用纸主要为书籍、课本、期刊、报刊、打印书写纸等,其减量化的指标体系见图 5.7。

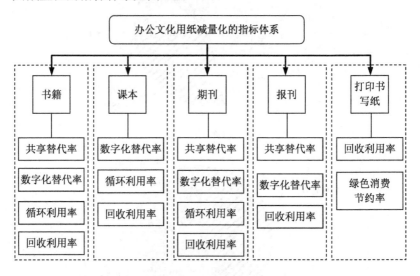

图 5.7　办公文化用纸的减量化的指标体系

通过对各品类办公文化用纸的特点和消费状况分析得出每种类型用纸的减量化途径,构建办公文化用纸的减量化指标体系。书籍可以通过共享替代、数字化、循环利用和回收利用实现减量化;课本的减量化途径为数字化、循环利用和回收利用；期刊的减量化途径为共享替代、数字化、循环利用和回收利用；报刊的减量化途径为共享、数字化和回收利用；打印书写纸可以通过节约利用、无纸化办公、循环利用和回收利用等途径来实现减量化。

③北京市办公文化用纸的减量总量及减量潜力的计算。

办公文化用纸的减量总量即书籍、课本、期刊、报刊和打印书写纸的节约总量、共享替代量、数字化替代量、循环利用量和回收利用量的总和。减量率为绿色消费节约量、共享替代量、数字化替代量、循环利用量和回收利用量之和除以纸的消费总量。办公文化用纸的减量总量为 M_2，减量比率为 N_2，消费总量为 K，各种减量途径的包装用纸的减少量为 X_{2i}，减量比率为 Y_{2i}，则

$$M_2 = X_{21} + X_{23} + X_{24} + X_{25} + X_{26} \tag{5-5}$$

$$N_2 = \frac{X_{21} + X_{23} + X_{24} + X_{25} + X_{26}}{K} \tag{5-6}$$
$$= Y_{21} + Y_{23} + Y_{24} + Y_{25} + Y_{26}$$

（三）纸和纸制品减量化潜力的测算

通过分析估算，2015 年北京市清运的城市生活垃圾中废纸的回收利用率仅为 36.8%，而全国废纸的回收利用率为 48.67%。据统计，2012 年美国的废纸回收率为 66.80%，较 2000 年提高 20.8%；由于无纸化办公的推行，打印书写纸较 2000 年消费量降低 36%；由于科技的发展，电子书、手机阅读、电脑阅读等数字化率的提高，2012 年新闻纸和机械纸的消费量仅为 2000 年的 45%。德国通过分类回收废纸，回收利用率早在 2005 年就达到 80% 及以上，韩国废纸回收率高达 89.6%。

上文构建了废纸的减量化途径和减量化指标体系，通过纸制品节约利用、绿色生产、使用绿色包装、数字化阅读、共享阅读、推广无纸化办公、废旧纸制品循环利用和分类回收利用，可以实现纸的物质流过程的减量化，提高废纸的回收利用率，减少废纸的产生量，挖掘纸制品的减量潜力。虽然已经建立了纸和纸制品全过程的减量化途径和减量化的指标体系，但有些指标体系的数据不易统计，还有一些现阶段缺乏统计数据，因此，纸和纸制品全过程减量潜力的测算比较困难。减量潜力的测算具有重要的意义，因此本书借鉴美国的纸回收状况，通过假设方式估算纸和纸制品的物质流过程的减量总量和减量潜力。

假设无纸化办公使打印书写纸年消费量减少率为 3%；数字化阅读使新闻纸年消费量减少 4.6%；我国推行教科书循环试点，若每本教科书可循环利用 5 年；共享阅读使书籍和期刊的年消费总量减少 4%；绿色包装使包装用纸减少 25%；若废纸的回收可达到美国 2012 年的水平 66.8%，通过以上的假设进行估算，则 2019 年纸制品物质流过程资源减量潜力如图 5.8 所示。

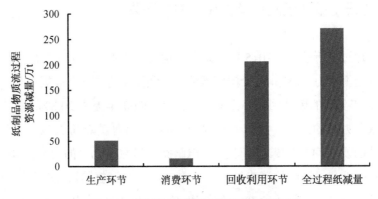

图 5.8　纸制品物质流过程资源减量潜力

在生产环节，包装的绿色设计使包装用纸减少 50.75 万 t；在消费环节，打印书写纸约节约 2.4 万 t；书籍、期刊、报刊的数字化替代量约 3.6 万 t；课本循环使用使课本的消费量减少 80%，减量总量为 6 万 t；书籍、期刊和报刊的共享替代量约 3.2 万 t；消费环节纸和纸制品的减量总量为 15.2 万 t，北京市纸的消费总量减少到 265 万 t。在回收利用环节，回收利用量为 206 万 t，进入垃圾最终处置环节的废纸量约 72 万 t，纸和纸制品的全过程的减量总量为 271 万 t，减量比率为 82%，相当于少砍伐 8 500 多万棵树，减少约 10 亿 t 造纸废水排放，减量潜力巨大，具有很好的经济价值、社会价值和生态价值。

由假设估算结果可见，纸制品，尤其是文化办公类用纸在循环利用、回收再生处理领域具有很大潜力。

（四）纸和纸制品物质流过程减量化的实现机制

1. 管理机制

实现纸和纸制品的全过程的减量化，首先要建立纸和纸制品全过程减量的管理机制。通过对纸和纸制品的物质流分析，通过追溯各类废纸制品的来源、产生特点，分析减量化途径和提出减量化指标体系进行深入分析，可以得出：废纸的减量化管理是一个包含生产、消费、回收利用和末端处理 4 个环节，涉及社区居民、企事业单位和学校等多个减量化主体，需要从宏观政策制定到中观监督管理，再到微观保障实施的减量化管理系统工程，也是一个包含横向管理流程和纵向管理层次的复杂网络立体结构管理体系。废纸的减量化管理要明确物质流过程的管理主体、对象、管理层次和管理手段，是一个需要多部门共同努力的管理体系，需明确各部门的管理权限、管理责任，统筹协调，构建一个包括生产环节、消费环节、回收利用环节和末端处理环节的物质流程管理体系，一个包含战略层、战术层和执行层的纵向递进层级的废纸减量化的管理体系和机制；实现废纸的物质流全过程的减量化，并能够充分开发利用"城市森林"资源。

2. 实施路径

通过废纸减量化途径和减量化指标体系的构建和分析研究，废纸的减量化主要通过以下几个途径实现：

①绿色消费。纸和纸制品绿色消费倡导源头节约用纸、减少浪费和保护环境。减少纸的消费总量；改变购买习惯，使用购物袋，减少包装用纸的产生量；通过考虑集约化用纸、合理消费再生纸制品、循环利用纸制品等绿色消费来实现废纸的减量化。

②促进共享。图书馆的是书籍共享的场所和平台，通过图书馆借阅图书减少了购买图书的次数和数量，减少了纸的消费和废弃量。共享经济是当今社会发展不可阻挡的趋势，合理布局城市图书馆、增加图书馆的数量、建立社区共享阅览室、企事业单位阅览室、政府单位阅览室等，通过最大限度地共享书籍和报刊等减少报刊图书等的购买、消费，实现纸和纸制品的消费总量的减少。

③数字化。目前，数字经济成为潮流，数字化水平不断提高，数字化阅读减少了纸质书籍的消费量，数字化办公大大减少了办公用纸的消费量，提高全民的数字化水平，有利于实现纸的减量化，国家加强数字化多媒体技术的研究和应用，提供更广阔的应用平台，鼓励电子图书的消费，加强网上阅读的管理和推广，通过全社会的数字化来减少纸的消费量，实现纸的减量化。

④提高纸制品循环利用和回收利用水平。纸制品回收、循环利用和废纸的资源化利用是纸制品减量化的重要途径。鼓励二手书交易、废纸手工艺品的再利用，打造绿色快递业，提高快递包装的重复利用率和循环利用率，废纸制品分类回收再制浆提高回收利用率。另外，推动教育行业的课本和教辅书籍等的共享循环使用率，建设教育行业的书籍共享机制和各种平台，推行无纸化的数字教育平台，增加数字化考试、作业，减少纸质作业、考试等，减少行业纸和纸制的消费量，实现废纸的减量化。

3. 激励机制

废纸的减量化是一个包括从原材料供应、生产、消费、回收利用到末端治理的多个环节，包含企业、居民和政府等多个减量化主体的管理体系。因此，制定废纸减量化的激励机制要考虑不同环节和不同主体的特点，从多个方面，采取多种手段实现纸的减量化。建立生态环境教育体系，逐步形成节约型消费和生活习惯，节约用纸，减少废纸的产生量。要利用经济手段刺激居民和企业的消费行为、回收行为和消费习惯，改变消费方式、规范废纸分类标准、提高回收价格，最终实现废纸的减量化。对废纸再生企业、废纸回收企业给予税收优惠和政策倾斜，制定绿色采购和消费目标，对政府机构、企事业单位、新闻出版机构等用纸大户规定其再生纸的利用采购比例，对于教育行业规定其课本和教辅书等书籍的共享使用率、循环使用率以及数字化要求等，逐步制订和部署相关计划，推动纸的减量化。

4. 保障机制

建立完善资源减量化有关法规体系并逐步出台具体政策、措施，从宏观上规定资源减量化的基本原则，提出减量化的战略框架，规定国家一些重要公共团体、生产者和消费群体的资源减量目标责任，同时配套制定相应的废弃资源回收循环规章，如《包装废纸纸制品再生利用法》等；统一废纸分类标准，完善废纸分类回收设施、设备和回收再生系统，建设再生资源市场和二手纸制品市场及网络平台，提高废纸的回收利用水平，逐步制定设计规范和配套政策，推广环境友好设计。

（五）本章小结

废纸在城市生活垃圾中约占 1/4，并且具有较高的回收利用价值，被称为"城市森林"，研究废纸的减量化具有重要意义。本章梳理了废纸的物质流流程，得出其减量化的关键环节是消费环节和回收利用环节，减量化的关键领域是包装用纸和办公文化用纸的减量化等重要结论。分析了全过程的减量途径，构建了包含绿色消费节约率、绿色包装减量率、共享替代率、数字化替代率、循环利用率和回收利用率的基于物质流全过程管理的废纸减量化指标体系，并进行了假设性测算，最后提出废纸全过程减量化的管理机制、实施路径、激励机制和保障机制。

六、物质流过程塑料垃圾减量实证研究

人类的材料史从石头、木头这一类的基本工具材料开始，逐步发展到使用金属、钢铁，再到塑料，可以说每一项材料的新发现带动了人类整体的技术革命，甚至改变整个人类文化的面目。如今，在这个塑料几乎植入了各行各业的时代，每年有大量的塑料生产、使用、丢弃，以至于塑料给人们带来的安全隐患越来越突出，地球的生态环境也遇到了巨大的挑战，联合国巴塞尔公约组织呼吁，海洋塑料垃圾已严重影响海洋环境，尤其是海洋生物的生命安全，环保人士争相呼吁减少或禁止使用塑料，使这个问题上升到了前所未有的高度。英国《卫报》把塑料袋评选为 20 世纪最糟糕的发明。在过去的 50 年里，全球塑料产量已经增加了 20 倍，在环境中留下了 70 亿 t 的塑料袋垃圾。作为全球最大的塑料生产和消费国，中国生产了全球 1/4 的塑料，而消费量占全球总量的 1/3，并且还在不断增加。多数塑料制品使用周期较短，近一半的塑料制品 2 年后会变成塑料垃圾，塑料垃圾的持续增加不断加大了"垃圾围城"和垃圾处理的压力和困扰。

但从社会、经济学的视角来看待这个问题，我们需要承认的是，塑料本身并没有错，短期来看，人类也基本不可能摆脱它，甚至可以说塑料是世界上最富有创造力的材料。相机的底片、电影用的胶卷、唱片用的黑胶，这些承载着创造力的载体，所用的材料无疑都缺少不了塑料，可见塑料对于人类发展具有举足轻重的重要性。

（一）塑料垃圾减量化研究的背景及意义

塑料的鼻祖是"赛璐珞"。19世纪台球是用象牙做的，成本极高，为了降低成本，使台球普及，一个叫海厄特的人发明了一种材料命名为"赛璐珞"（Celluloid），而它就是塑料的老祖宗。象牙变赛璐珞，玻璃底片（又贵又沉）变赛璐珞软片作为相机底片，之后发明了柯达相机，让所有人都能接触摄影。赛璐珞也促进了胶卷的发明，催生出了电影科技。电木（一种酚醛塑料，不吸水、不导电、耐高温）、尼龙（时装业、徕卡、聚氯乙烯）和黑胶（唱片）。种种的材料变化都表现了塑料的可塑性，随着塑料的发展，十几种塑料陆陆续续被发明出来，下到人们常用的塑料袋，上到火箭、卫星的基本材料，都离不开塑料。

塑料具有突出的优点。塑料不是生物圈的一部分，是一种人工材料，其化学结构极为稳定，无法被生物体以及自然环境分解，但可塑性强、用途广泛、廉价，因此聚乙烯每年的产量约为30亿t；但缺点也同样明显，除人工处理以外，相当长时期内无法自然降解，生产消费量和废弃量巨大，并且，塑料本身容易引起生物的激素不正常分泌。

2017年的一项研究显示，人类迄今生产超过91亿t塑料，其中大多数都被堆入垃圾填埋场或乱丢在自然环境中。这91亿t塑料相当于10亿头大象，或2.5万幢纽约帝国大厦。科学家认为，按照目前的速度发展，到2050年地球上将有超过130亿t塑料垃圾，蓝色的地球可能最终变成"塑料星球"。

废塑料的涌现和人类活动密不可分，塑料制品的投放途径主要为农业领域、家庭日用、商业领域，因此塑料垃圾也主要来源于此。

北京市每年废弃的 PET 塑料瓶总量高达 15 万 t，约为 60 亿只废旧塑料瓶，对环境造成极大的危害。PET 瓶不仅广泛用于包装碳酸饮料、饮用水、果汁和茶饮料等，而且广泛用于食品、化工、药品包装等众多领域，是当今使用量最多的包装品类。

1. 塑料的构成类型、用途及特点

塑料主要包括如下几大类：

①聚乙烯（PE），由乙烯聚合而成。常用作矿泉水瓶、可乐饮料瓶、果汁瓶等。因它只可耐热 70℃，所以只适合装冷饮和暖饮，若装高温液体或加热则会变形。

②高密度聚乙烯（HDPE），适用于制作装食品及药品的瓶、清洁用品和沐浴产品的外包装以及购物袋、垃圾桶等。

③聚氯乙烯（PVC），由氯乙烯聚合而成。高温及与油脂接触聚氯乙烯塑料容易释放出邻苯二甲酸酯及未完全聚合的有毒氯乙烯单体。用聚氯乙烯制成的保鲜膜透明性好、不易破裂、黏附性强、价格低，我们在超市、大卖场看到的盒上粘得很牢的薄膜就是它。根据其特性，它只适用于蔬菜、水果的冷藏保鲜，不宜放肉类、蛋糕等含有较多脂肪的食品，也不宜微波炉加热。

④低密度聚乙烯（LDPE）塑料薄膜及保鲜膜，对水阻隔性能良好，所以纸做的牛奶盒、饮料盒等包装盒都用它作为内贴膜。因低密度聚乙烯保鲜膜超过 110℃会出现热溶，所以若使用该保鲜膜包裹食品加热，食品中的油脂会将保鲜膜中的某些成分溶解，因此，进微波炉之前需先将保鲜膜除掉，至少不能让食品直接接触保鲜膜。低密度聚乙烯本身不具降解性能，现今的"限塑令"主要限制的就是它。

⑤聚丙烯（PP），由丙烯聚合而成，透明度也较聚乙烯好，比

聚乙烯硬，饭店里打包用的盒子大多是它，做成的塑料盒可以放进微波炉加热。

⑥聚苯乙烯（PS），由苯乙烯聚合而成，常用作碗装方便面盒、快餐盒。它耐热又耐寒，但是温度过高会释放有害物，所以不要把碗装方便面放进微波炉中加热，并尽量不要用它来装滚烫的食物，也不能盛放强酸性（如果汁）和强碱性物质，否则会释放苯乙烯及辅助材料。

⑦聚碳酸酯（PC），是用双酚A与碳酸二苯酯为原料合成，具有优良的冲击韧性和机械强度，且透明度很好，所以被誉为"透明金属"。常用于制造水壶、水杯、奶瓶等。在制作PC过程中，原料双酚A应该完全成为塑料结构成分，不应在使用中释放，但是实际上常做不到，会有小部分双酚A没有能完全转化到塑料中，遇热会被释放到食品中。双酚A是内分泌干扰物，对发育中的胎儿及小孩特别有害，可能会引起流产、先天性智力障碍及婴幼儿的智力发育迟钝。有的研究还证实双酚A会干扰、拮抗甲状腺素及抑制睾丸激素的分泌，影响男孩性发育，妨碍精子的形成，从而可能会影响生育。因此使用中应格外小心，避免聚碳酸酯制成的奶瓶，以免对婴儿的性发育造成危害。

⑧密胺塑料，也是广大居民及饮食店、单位食堂常用的餐具，它是一种热固性塑料，常用于制造碗、碟、筷、勺等餐用具。它以三聚氰胺、甲醛树脂为主要原料，加入适量的纤维素填料以及着色剂等辅助材料制成的。它的外观和手感如瓷器，耐酸又耐碱，表面硬度和抗冲击强度都比较高，使用寿命长，可在120℃以下洗碗机中清洗、消毒。同样大小厚薄的餐具，密胺餐具要比瓷质餐具轻，但又不像瓷器那样容易破碎，所以，特别受到婴幼儿家长的欢迎。由于密胺塑料分子结构的特殊性，它不适合在微波炉中使用，否则很

容易开裂。密胺餐具中的三聚氰胺，如果没有完全被聚合，也会有部分溶出至食品中。

2. 生活垃圾中塑料的主要成分和来源

（1）塑料垃圾中主要的塑料材料——PET 材料

PET 材料的良好阻隔性使其成为各种碳酸饮料、果汁、奶乳制品、茶饮料、矿泉水等食品和饮料最主要的包装材料，是当今使用量最大的饮料包装，而且广泛用于食品、化工、药品包装等众多领域。PET 塑料瓶全部是由从石油中提炼的原生 PET 原料制造而成，每年高达 300 万 t 的 PET 塑料瓶产量消耗了超过 1 800 万 t 的石油，造成了巨大的环境压力。在北京市范围内，每年废弃的 PET 塑料瓶总量高达 15 万 t，约为 60 亿只废旧塑料瓶，对环境造成极大的危害。

（2）生活垃圾中塑料垃圾的主要来源

生活中塑料垃圾主要来源为塑料包装和塑料餐具。

根据我国邮政局快递大数据平台的统计数据，2017 年我国快递行业总业务量突破了 400 亿件，比美国、欧盟、日本 3 个地区的总和还多。2016 年，我国快递行业总业务量也排在世界第 1 位，近 312.8 亿件，平均每日处理大约 8 571 万件快递，特别是每年的"双十一"网购节后，快递企业最高日处理量达到 2.5 亿件。2019 年，我国快递业务量达到 635 亿件，同比增长 25.39%，新冠疫情发生后的 2021 年，我国快递业务量已达 1 083 亿件，同比增长 29.9%。假设每一个快递包装平均重约 0.2 kg，那么年产的快递包装废弃物就会达到约数千万吨（按照 2021 年计算达 2 166 万 t）。

一般来说，我国现有的处理快递包装废弃物方式主要有：第一，将其当作生活垃圾，统一清运填埋或者焚烧；第二，卖到废品收购站回收，回收站再将能重复利用的包装卖到包装使用商处；第三，直接由电商企业或者快递企业收回，处理加工后进行再利用。3 种处理方式中，居民随手丢弃包装的居多，这就意味着大量快递包装只使用一次，之后被当作生活垃圾处理，而废品收购站回收的包装只有纸质类，塑料类包装仍旧无法回收再利用，电商、快递类企业对包装的回收也只是在部分城市试点，并未在全国开展。因此，现阶段对快递包装废弃物的处理方式仍旧范围小、转化率低、原始化。根据调查数据显示，网购人员中有 62.3%的人取到快件后把包装拆封并直接当作生活垃圾丢掉，将快递包装拆封后收集整理并卖给废品收购站的有 31%，仅有 7.13%的居民会将包装提交给快递公司或者自己再次利用，只有约 2.5%的人将其重复再利用，这就造成我国废弃的快递包装回收再利用率不足 20%的现状。而包装物中的填充物、胶袋等塑料成分回收率几乎为零。经初步估算，我国快递业每年消耗的纸类废弃物超过 900 万 t，废塑料约 180 万 t，约占总快递废弃物的 20%。

　　塑料一次性餐具快速增长。外卖业增长很快，公开数据显示，2016 年我国两大外卖平台的日订单量在 2 000 万单以上。同时，每周消费 3 次以上的用户占比高达 63.3%。按照这个消费方式，每周最少有 4 亿份外卖飞驰在中国的大街小巷，由此至少带来 4 亿个一次性打包盒和 4 亿个塑料袋，以及 4 亿份一次性餐具的废弃。新兴的外卖网络平台包括"美团外卖""饿了么"和"百度外卖"。按照各平台公布的日订单量，"美团外卖"超过 1 300 万单，"饿了么"在 900 万单左右；"百度外卖"按照市场份额占比来推算，约为 200 万单。假设每个外卖订单只产生 1 个一次性餐具，那么仅这 3 家外卖平台每天就要产生 2 400 万个一次性塑料餐具。实际数量可能更多，有环保组织研究分析了 100 个外卖订单发现，平均每单外卖会消耗 3.27 个一次性塑料餐盒/杯，以此计算，这 3 家平台每天将产生近 8 000 万个一次性餐具。这还不包括其他网络外卖平台和传统餐饮门店产生的一次性餐具。

3. 塑料垃圾的负面影响

（1）生态系统健康风险

塑料因其独特的性能难以自然降解，长期存在在自然界当中会逐步分解成为微塑料。微塑料是一种直径小于 5 mm 的塑料颗粒，是一种造成污染的主要载体，微塑料污染已成为当前垃圾治理领域热门的话题。

目前环境中已经存在大量的多氯联苯、双酚 A 等持久性有机污染物（这些有机污染物往往是疏水的，即是说它们不太容易溶解在水中，所以它们往往不能随着水流随意流动），微塑料可成为载体，聚集这些持久性有机污染物，形成一个球体，在环境中到处迁移。

随着塑料餐具的使用量增加，其分解的微塑料也就广泛存在于自然界，从而危害到生活其中的生物，导致动物生病甚至死亡，食物链的富集效应会导致持久性有机污染物的富集，最终对人类产生难以预计的危害。塑料在整个生态系统的累积过程是长期、延迟、滞后的过程，塑料垃圾的增长和富集，不可避免地使微塑料在整个生态系统累积，远期将给人类乃至整个生态系统带来无法想象的危害。

（2）环境污染风险

塑料垃圾对环境的危害很早引起人们的注意。多年前就提出了"白色污染"问题。"白色污染"（white pollution）是指用聚苯乙烯、聚丙烯、聚氯乙烯等高分子化合物制成的包装袋、农用地膜、一次性餐具、塑料瓶等塑料制品使用后被弃置成为固体废物，由于随意乱丢乱扔，难以降解处理，给生态环境和景观造成的污染。例如，混入城乡垃圾中或散落各处、随时可见的难以降解的塑料废弃物对于环境的污染。生活垃圾中的塑料废弃物主要包括塑料袋、塑料包装物、一次性聚丙烯快餐盒，塑料餐具杯盘以及电器充填发泡填塞物、塑料饮料瓶、酸奶杯、雪糕包装袋等。塑料污染带来环境的恶化自然会影响身处其中的人类，由环境带来的健康风险也会覆盖所有人，且在相当长的时期内带来持续的环境和健康影响。在垃圾的治理中，塑料因长期不能降解，若填埋会污染土壤和危害生物，而焚烧会产生持久性有机污染物。

（3）视觉污染

在城市、旅游区、水体和道路旁散落的废旧塑料包装物给人们的视觉带来不良刺激，影响城市、风景点的整体美感，破坏市容、景观，由此造成视觉污染。

（4）塑料垃圾回收成本高、难度大

塑料制品，尤其很多一次性塑料包装物又轻又薄，消耗总量过于庞大，回收作为"逆向物流"，需要将分散且分布极为广泛的塑料垃圾收集起来，难度大、成本高，只有在大规模、大批量回收的基础上，才能做工业化、产业化的处理和再利用。而且，大规模的回收和处理塑料，还需要消耗大量的水进行清洗、处理过程耗费大量能源，还有产生二次污染的风险，如果完全实现清洁化生产，就需要高成本的治理投入。因此，目前对于塑料制品，处理方式大多是丢弃、填埋或者焚烧。

4. 当前全球塑料垃圾治理政策措施

（1）海洋塑料污染治理行动

塑料成为海洋垃圾且为海洋污染的重要来源已是公认的事实。据初步估算，全球每年向海洋输出的塑料垃圾可达 480 万～1 270 万 t。

从近海到大洋，从赤道到南北极，从海洋表层到深渊海底，微塑料早已无处不在。塑料垃圾极难降解，这意味着人类制造的大多数聚合物塑料制品将持续存在数十年，甚至数百年、上千年。海洋塑料垃圾的泛滥无疑将对海洋生态环境、海洋生物多样性、近海养殖业和滨海旅游业等造成巨大影响。

2014 年 6 月，首届联合国环境大会明确提出要关注海洋垃圾和微塑料问题。众多沿海国家也开始积极采取措施，制订相关法案和行动计划，从源头着手，切实减少进入海洋的垃圾量。

2018 年 9 月，在日内瓦召开的《控制危险废物越境转移及其处置巴塞尔公约》（以下简称《巴塞尔公约》）不限成员名额工作组第 11 次会议（OEWG.11），将塑料废物列入受该公约贸易管制的废物清单。

2019 年 3 月，第四届联合国环境大会指出海洋塑料污染治理等主题是"寻求创新解决办法，应对环境挑战并实现可持续消费与生产的重要内容"，讨论海洋塑料污染和微塑料、一次性塑料产品、化学品和废物无害化管理等全球环境政策和治理进程，对推进后续工作作出 25 项决议。会议通过部长宣言，呼吁各国加快全球对自然资源管理、资源效率、能源、化学品和废物管理、可持续商业发展及其他相关领域的治理进程。

2019 年 1 月 17 日，近 30 家国际化工巨头在伦敦联合成立"清除塑料废弃物行动联盟"，该联盟旨在最大限度地减轻塑料废弃物对海洋等自然环境的影响，同时推广各种消费后塑料的解决方案。该联盟承诺将投入 10 亿美元，专注于废弃物管理设施、创新、宣传、合作及废弃塑料的清理，并计划在未来 5 年内将资金增至 15 亿美元。

我国于 2016 年启动了涵盖水体、海底、海滩和生物体的微塑料监测工作。2017 年，发布并实施了禁止"洋垃圾"，尤其是塑料垃圾进口的政策，并开始将重点放在国内产生的废物的回收利用上。作为世界上主要的塑料垃圾进口国，在防止塑料垃圾越境转移方面，迈出了第一步。

可见，海洋塑料垃圾，尤其是微塑料垃圾治理已成为近年垃圾治理的主题和热点。联合国倡导的主流理念还在于采取可持续的生产和消费方式，推进塑料垃圾的减量和消除，也就是需要采取源头减量、过程控制、回收再生、循环利用的全方位措施来推进。

（2）限制和禁用一次性塑料制品

数据显示，现在全球生产的一次性塑料制品中，仅 10%能被回收利用，12%被焚烧，超过 70%的塑料被直接丢弃在土壤、空气和海洋中。如不进行遏制的话，到 2025 年，海洋里鱼类和塑料的质量比将达到 3∶1；到 2050 年，塑料质量将超过鱼类的质量。

欧盟在 2017 年年底出台一项有关塑料的战略，作为"循环经济行动计划"的一部分，目前欧盟已经全面禁止一次性塑料制品，决定自 2021 年起全面禁用吸管、餐具和棉棒等一次性塑料制品，减少塑料垃圾的产生。我国发布了"限塑令"，规定在全国范围内禁止生产、销售、使用厚度小于 0.025 mm 的塑料购物袋。海南经济特区出台了《限制生产运输销售储存使用一次性塑料制品规定》。"限塑令"的继续落实和改进是未来的必然趋势，转变生产和消费模式，寻找替代材料和物品，加强回收和资源化都是未来塑料垃圾管理的方向，而一次性塑料制品的禁止生产和使用，也是必然结果。

（3）塑料回收再生利用

塑料废弃物管理可以按照循环经济"3R"原则，尽可能减少塑料的生产和消费量，已经生产并进入消费领域的，要坚持延长使用寿命、多功能、通用性的原则尽可能充分使用，当使用功能结束后，要尽可能寻找合理途径进行再回收、再利用，废弃塑料要尽可能扩大回收规模进行循环利用和资源化。废旧塑料通过可持续设计和再设计成为民间比较关注的热点，无论在艺术设计、旧物改造利用方面都较为常见。艾伦·麦克阿瑟基金会新塑料经济倡议的负责人罗伯·奥普索默认为，当前必须重视并解决塑料污染的根源问题，同时向循环再利用的方向发展，使塑料停留在经济系统内而不进入环境。为此，联合利华公司提出将在2025年之前，通过具有商业可行性的方式让其产品塑料包装变得可以再生、回收或可降解；北京可口可乐公司的快乐重生活动，利用废旧塑料可乐瓶做儿童玩具等用途的多功能设计、塑料瓶DIY回收利用小创意即塑料再生利用的创意设计等方式回收利用塑料。

（4）塑料垃圾回收利用的技术经济措施

塑料垃圾和塑料包装物垃圾回收利用国内外都有多种技术和经济措施。经济措施中应用最广泛的是包装垃圾采取"押金制"进行多次回收再利用，"押金制"也被证明是最有效的资源循环手段；另外也有采取征收环保税、处理费以及罚款和奖励等措施，促进塑料回收循环。如德国采用绿点税作为企业包装物废弃成本责任延伸的措施，将所收资金作为包装物回收处理的成本投入。

很多国家采用塑料瓶回收机回收后可获得奖励计分、返利、充话费等措施，鼓励人们回收塑料瓶等包装物；浙江工商大学环保协会建立"绿色银行"，是一种新型废旧塑料瓶回收模式。通过"绿色银行"回收同学们手里的塑料瓶，以后可以从社团里兑换一些礼品，也可以优先参加社团举办的活动，这些方式都属于普惠的资源回收手段。

目前正在进行的快递、外卖、电商平台等商业模式变革，为探索应用供应链的管理模式开展垃圾治理提供了机遇。为了治理外卖和快递产生的包装物垃圾，各个线上平台正在纷纷采取措施推进垃圾减量和回收的研究和实践。包括中国邮政、京东等研发了可重复使用的包装物，阿里巴巴集团等实施菜鸟计划，推动包装物的回收，还有其他公司和电商，积极研发可降解包装物等。2017 年"饿了么"平台推出"蓝色星球"计划，在 App 中上线"无需餐具"备注功能，鼓励用户减少一次性餐具的使用。据统计，截至 2018 年 3 月底，仅用了半年时间，"饿了么"全平台就完成了 1 600 万份"无需餐具"订单。

5. 塑料垃圾的回收现状和存在的问题

欧洲塑料垃圾平均回收率在 45%以上，德国甚至达到 60%；到 2030 年，欧盟计划将塑料包装物全部回收利用。根据 2014 年国家发展改革委发布的《中国资源综合利用年度报告（2014）》公布的数据，2009—2013 年我国废塑料回收利用率为 24%～29%，与发达国家的差距较为明显，也说明我国废塑料回收的潜力巨大。

目前，我国绝大部分塑料垃圾的去向是被填埋、焚烧，既浪费了资源，又污染了环境。一些西方国家，大部分的垃圾分类是 2～4 种，塑料算作其中的一种。日本更加出色，全国各县都有不同的垃圾分类政策，大多非常严格和细致。比如，日本横滨地方的垃圾分类手册，多达 27 页，518 项条款，规定得非常细致。垃圾回收主要分两大流程——运输和分拣。垃圾分类降低了分拣成本，但是运输成本提高了。回收过程中的运输成本要占 70%左右。

我国塑料垃圾资源化效率低的原因，主要有以下 3 点。

①管理体制存在一定问题。我国废塑料行业由生态环境部、国家发展改革委、商务部、海关总署和国家质检总局等共同管理。因为行业归口不明确，致使缺乏总体统一的行业指导、技术规范。塑料回收没有完善的回收体系，企业回收难度大。

②规章制度有待健全。我国在宏观层面还没有对废塑料回收利用行业发展进行综合规划，缺乏有力的政策扶持，缺乏废塑料分类

技术规范，以及对采购使用废塑料为原料加工生产并达到产品安全要求企业的认定和鼓励，相关制度不健全，导致我国废旧塑料回收行业长期以来呈低水平徘徊状况。

③技术经济合理性不足。我国塑料回收主要以物理再生为主，和国际上通行的物理再生、能量回收、化学还原和用作固体燃料等系统的技术经济方法相差甚远，绝大多数废塑料回收企业处理工艺落后，产品的技术含量和附加值较低。废塑料资源化企业难以发展壮大的原因在于，用原生材料制作新的塑料的成本比回收塑料垃圾进行资源化利用的成本要更低。需要政策对经济杠杆进行调整，引导废塑料回收产业技术经济合理性进一步提升。

（二）基于物质流过程塑料垃圾减量化实证研究

我国塑料垃圾的主要来源有 3 种：

①生产过程中产生的随机废弃塑料。如边角料、下脚料、机头料、残次品等，其特点是干净、易于再生利用。

②民间产生并回收的塑料废弃物。散落在日常生活垃圾中经过民间渠道收集的塑料废弃物，主要是一次性包装，如塑料薄膜（袋）、塑料瓶等，这类塑料废弃物产生量大、杂乱、污染程度比较严重，而且收集和资源化利用技术难度高，应成为当前关注的重点。

③包装容器、编织袋等，这类废弃物最大的来源是家电机器等包装材料及壳体。不同来源的塑料垃圾减量潜力不同。由于分类成本低、利润高，生产过程中的塑料垃圾回收率较高；而生活垃圾中的塑料垃圾则分离成本高、回收率低、减量潜力大。

本书主要研究生活垃圾中的塑料垃圾，从生活垃圾中收集和分选出的废塑料具有塑料质轻、耐腐蚀、易加工等特点，仍是一种可循环利用的资源。

城市生活垃圾中的塑料从产生的来源和用途主要分为外卖与快递包装、塑料餐具、饮料瓶与一次性塑料包装物等。通过运用物质流代谢理论从塑料的生产、消费和回收利用的全过程减量化的视角，梳理塑料在原材料供应环节、生产环节、运输环节、消费环节、排放环节和最终处置环节，物质流过程分析基础上减量化途径，并提出塑料减量化措施，计算塑料的全过程减量化潜力。

1. 基于物质流过程的塑料物质循环流程图

塑料及塑料制品的物质循环流程包括原材料供应环节、生产环节、运输环节、消费环节、排放环节和最终处置环节及过程。废塑料及废物的产生伴随塑料及塑料制品的物质流过程，废塑料的回收循环利用也并不只是涉及末端环节，在生产、运输、消费等环节都应该包含废塑料的回收、再利用和资源化，如图 6.1 所示。由图 6.1 可知，包装材料是塑料用途占比最大的部分。

2. 北京市塑料垃圾的物质流分析

塑料制品在包装领域的应用范围最大。截至 2020 年，我国塑料报废量达 7 410 万 t，回收利用只占 30%、填埋占 32%、焚烧占 31%、遗弃占 7%[①]，塑料包装减量化对塑料垃圾减量贡献最大。2015 年北京市生活垃圾产生量为 790.3 万 t，居全国之首，由图 6.2 可知，厨余、纸类与塑料之和在生活垃圾中占比高达 80%以上，塑料占比19.59%，据估算塑料垃圾产生量为 154.82 万 t。目前，绝大部分废塑料主要通过填埋和焚烧处理，但前者占用土地资源且易污染地下

水，而后者增加了碳排放并造成大气污染。

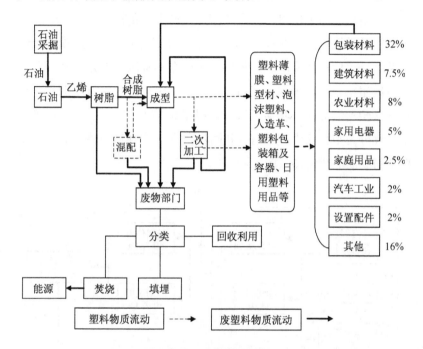

图 6.1 国内塑料及废塑料物质循环流动图

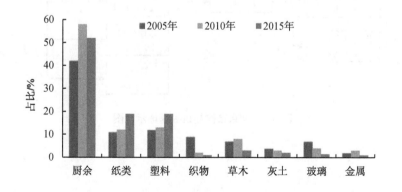

图 6.2 北京市生活垃圾成分时间对照图

如图 6.3 所示，据北京塑料工业协会调查数据可知（2016 年），北京市塑料制品年使用总量为 70 万 t，产生废塑料总量为 50 万 t，废塑料的常见流向一共有 3 种，即进入废塑料市场交易、填埋处理和焚烧。流向填埋和焚烧途径的可再生塑料资源均未充分利用，而流向废塑料市场的塑料，经过工厂二次加工后可进入市场销售，再次进入塑料制品循环物质流过程。根据此循环途径，将塑料垃圾的全过程分为塑料的生产、消费和回收利用 3 个环节，建立北京市废旧塑料物质流代谢图（图 6.4）。

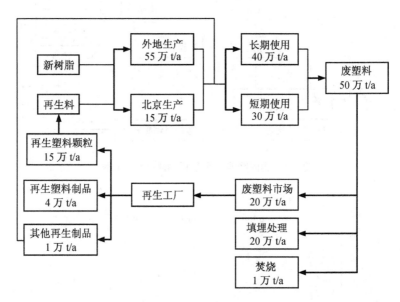

图 6.3　北京市塑料垃圾循环示意图

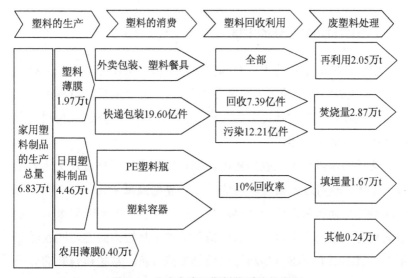

图 6.4　北京市废旧塑料物质流代谢图

数据来源：《北京市统计年鉴》、中国轻工业联合会、海关总署及再生资源利用网等数据计算整理。

对北京市的塑料垃圾数据进行估算：根据我国 2016 年废塑料产生量约 3 413 万 t，再生利用量达到 2 487.8 多万 t，占塑料消费量的 30% 左右。由全国数据估算得出，北京市塑料再生利用量为 2.05 万 t。从《城市社区快递包装废弃物回收影响因素的系统动力学（SD）研究》可知，网购人员中有 62.3% 的人取到快件后把包装拆封并直接当作生活垃圾丢掉，将快递包装拆封后收集整理并卖给废品收购站的有 31%，仅约 2.5% 的人将其重复再利用，则计算出北京市造成污染的快递垃圾为 12.21 亿件。目前，外卖包装塑料餐具多为一次性使用，且未分类，假设所有外卖包装、塑料餐具均为塑料垃圾，且均未重复使用。按照中国统计年鉴中生活垃圾填埋比例为 60%，焚烧比例为 35%，计算北京市塑料垃圾的填埋量为 2.87 万 t，焚烧量为 1.67 万 t。

3. 塑料垃圾减量化的主体

塑料垃圾减量化的主体是指实施废塑料减量化行动的单位和个人。生活垃圾中塑料垃圾主要来源于塑料包装，从物质流过程视角，塑料包装减量化的主体可分为生产过程化主体、消费过程和回收利用过程的减量化主体。

从塑料垃圾分类回收的角度，减量化的主体可分为外卖包装减量化主体、塑料包装减量化主体、PET 塑料瓶减量化主体、农用薄膜减量化主体和家用塑料容器减量主体。从目前的塑料垃圾的回收情况来看，家用塑料容器和农用薄膜的使用量较为固定，回收潜力不大，暂不研究。综合塑料垃圾的物质流分析，从塑料包装的分类这一角度我们认为在城市生活垃圾中，塑料垃圾的减量化的主体主要为居民和企事业单位。

4. 国内快递、外卖、电商业包装垃圾减量化措施及其存在的问题

目前，国内快递和外卖行业快速发展，其产生的包装垃圾问题广受诟病。2015 年，我国快递业务量 206 亿件，共消耗编织袋 29.6 亿条、塑料袋 82.6 亿个、包装箱 99 亿个、胶带 169.5 亿 m、缓冲物 29.7 亿个，对我国环境造成了较大压力。快递业增长很快，2017 年快递业务达到 400.6 亿件（2 年增长了 1 倍），2019 年达到 500 亿件，电商占到快递增量的 60%。目前，国内拥有 2 000 多家快递企业，从业人员达到 200 万人，营业额 5 000 亿元，业务量全球第一。为减少快递包装废弃物对环境的影响，发展生物可降解塑料已成为国内电商企业重点关注的方向之一。

2016 年，国内每周至少有 4 亿份外卖，至少产生 4 亿个一次性

打包盒和 4 亿个塑料袋以及 4 亿份一次性餐具的废弃。北京市估计每天产生 2 000 万订单，餐盒 4 000 万个/d，按每个餐盒 6 g 塑料计算，外卖大约每天消耗 24 600 t 塑料，数量惊人，实际数量可能更多。有环保组织研究分析了 100 个外卖订单发现，平均每单外卖会消耗 3.27 个一次性塑料餐盒/杯，以此计算，国内每周产生近 13 亿个塑料餐具。使用过后，每个被废弃塑料袋的降解至少需要 470 年，包装在废弃物中占 24%～60%，给自然环境造成很大的压力。

2020 年，中国使用互联网支付的人口超过 7.5 亿，外卖渗透率达 80%左右，新冠疫情的到来更加剧了这一点，即 6 亿～7 亿人成为在线外卖、快递用户，但外卖、快递垃圾回收率不足 20%，因此废旧塑料循环再利用的研究对我国的经济可持续发展具有重要的意义。

从循环经济的视角来看，快递包装还有回收利用的价值，外卖餐盒、塑料餐具则因混杂食物、汤水太多，难以清洗干净，回收利用价值较小，基本采取填埋、焚烧方式处理。当下外卖行业的兴起，人们快节奏生活使一次性餐盒、餐具具有庞大的市场。塑料餐具因其成本低、利润高，在与同样其他材料餐具的市场竞争中逐渐占据上风。电商平台外卖的餐盒+袋+餐具塑料主要为 PPR、PS、少量纸和可降解包装，其中可回收的占比很少，发泡保温包装也较少，由商家自身采买，成本低的塑料居多，且当前难以做到全面焚烧，污染问题较为严重。

（1）外卖行业包装垃圾治理主要措施和存在的问题

外卖行业包括"美团""饿了么"等主要大型电商平台开展了外卖包装减量的研究，并推动若干垃圾减量措施，支付宝支付平台也因此推出了蚂蚁森林项目等。对于餐饮外卖业所提供的餐盒、袋、餐具为主的包装物垃圾目前主要通过在平台上提供可选择性技术支持（可选不要餐具），以及提供奖励机制和绿色公益宣传等举措推动减少一次性包装选用，一般认为外卖塑料垃圾最根本的解决方式是推广使用可降解餐盒、餐具。研究可替代材质和包装物，如推出可食用筷子，并开展替代材料，包括纸、可降解包装试点，以及提倡包装袋标准化都是减少塑料包装垃圾的过渡性措施。在政府的大力支持下，外卖行业将采用生产技术较为成熟的淋膜纸碗替代塑料送餐盒，在保证送餐盒质量安全的基础上，可减少75%以上的塑料垃圾。全国首个外卖送餐盒团体标准在上海发布，并开展了外卖回收点的试点等工作，减少一次性餐饮包装物的产生和污染。目前，外卖送餐盒标准正在联合制定中，在提升餐厅包装物标准、鼓励达标方面，目前更注重引导而非强制。

外卖包装垃圾减量存在问题和阻力：首先，目前主要存在的问题是成本阻力，商家在包装物选择方面还是以食品安全考虑为主，基于减少包装垃圾考虑的试点可食用材质或可降解包装成本显著高于传统包装，尚未形成价格替代优势，加之工艺问题，导致用途不太广泛，只有部分高端餐饮企业才使用，尚未推广至全国；其次，可使用的可降解包装仍存在一定的技术问题，而且也存在回收困难和规模化不足的问题；很多外卖采用的一次性包装袋质地十分轻薄，回收价值低，而PPR材质降解工序十分繁杂，降解成本较高，回收会产生新的污染和消耗，可能会消耗大量的水和能量来清洁然后才能符合回收的要求等；最后，可降解包装的推广使用受控于商家使用的动力、对订单的影响以及消费者认知等因素。政府应鼓励研发和生产价廉物美的可降解制品，出台税收优惠政策，减免餐饮企业的使用成本，逐步实现可降解餐盒的有效替代。

（2）快递业包装垃圾减量治理措施和存在的问题

快递业是近年来崛起的新兴产业，尤其是在新冠疫情到来之后，快递物流起到至关重要的作用，成为发展最快的行业之一。同时，快递物流带来的包装垃圾也急剧增长。快递包装物主要为编织袋、气泡袋、塑料袋、封套、包装箱、胶带以及内部缓冲物等。包括胶带、气泡袋、塑料袋等在内的包装物，其主要原料为聚氯乙烯，塑料包装袋是可再循环材料，但最终大多被焚烧。各类大型快递公司正在纷纷推动快递包装物垃圾减量的研究和治理。

申通快递改进了传统包装袋，推动环保袋替代塑料编织袋40万～50万个，并推动快递包装箱重复使用、将面单改为电子单据、减少胶带使用、快件箱回收等措施，提出应制定全国统一标准，实现标准化自动分拣线进行包装垃圾分类等建议；顺丰也开始推进电子运单、EPP可回收包装箱（2017年用25万个，累计392万次）、无胶带纸箱、可回收纸箱（成本是传统纸箱的1.5倍）、可降解材料等的试用，在深圳成立了包装实验室，研究包装减量和回收，培训快递员，提出回收体系需要由政府、企业和用户共同建立的多元共治的思想。

京东电商推出"纸箱回收、绿色环保"计划，只要提交废弃包装的居民均可获得一定数量的"京豆"作为奖励，这项计划最初在北京、广州、上海、深圳4个城市进行试运行；胶带从5.4 cm宽改为3.4 cm宽；京东成立了电商包装实验室，并采取全流程控制的管理方式；在全国投入可回收纸箱100亿个；推出了清理箱服务，尽可能设计大小合理的包装，并减少填充物；将清流计划和绿色理念贯穿流通全过程：如打包环节的面单变为电子标签，入库使用太阳能作为能源，出库环节铜版纸单据3联改为2联，运输则采用新能源车（北京共投入860辆），配送POS机签单，减少纸质单据消耗。

苏宁开展"回收包装送云钻"的活动，即根据提交的包装规格获得相应的云钻，可用于下次购物抵现，并在全国投放可循环利用60次以上的可回收、可降解包装盒、箱10万个，北京1万个；阿里巴巴电商平台建立了菜鸟绿色联盟，引导、倡导包装物减量化、绿色化、循环化理念。从 2016 年开始，菜鸟围绕绿色包裹、绿色回收、绿色智能、绿色配送不断加码投入，发起业内最大规模的联合环保行动。面向企业，通过推广电子面单，提供绿色环保的快生物降解快递袋、菜仓库配送共享循环箱等，覆盖了省级 8 万个纸箱，提供免胶带纸箱、纸基胶带包装等绿色包装物等推动电商物流绿色化。截至 2018 年，超过 2 500 万个绿色包裹送到消费者手中。通过智能箱型设计与切箱算法，物流业每年可以减少 15% 的包装材料使用，节约成本数亿元。在可循环领域，菜鸟计划年内在北京、上海、广州、深圳等近百个城市投放超过 3 000 个绿色回收台，为大众参与环保公益行动提供更便捷的方式，实现就地重复利用；并制定引导政策，包括下发绿色标识、奖励淘金币等，并联合起草了电商物流标准。

综上所述，各大电商平台和快递物流公司都各自推动了绿色包装的研究和试点，并逐步涉及快递物流的全流程，其目标是减量化、无害化、循环利用和资源化，无论是可降解包装物替代和包装回收循环利用，目前都处于初级研究和试验阶段，已推行的部分试用和试点范围非常有限，不能达到规模化的水平，并且技术经济措施和市场方面还存在一些明显的问题和障碍。首先，传统上电商、企业和消费者习惯于注重经济和效率方面的考虑，对于包装物减量、回收再利用的意识淡薄；其次，目前尚缺乏关于包装污染控制方面统一的快递行业标准及规范；最重要的因素则是成本，目前可回收纸箱的成本是传统包装箱的 3 倍，而可降解胶带成本则要高 3～4 倍。塑料袋等塑料包装物由于成本低廉仍然被广泛使用，出于成本考虑很少有企业愿意去回收再利用包装物。因此，快递电商行业对于包装垃圾的治理，需要有效的政策引导，是选择可降解包装物替代，还是最大限度地减少包装使用，或是采取大规模分类回收和循环利用，需要进行系统的路径研究，并制定相关规范和标准。

（三）绿色供应链生命周期视角下的塑料包装的减量化研究

绿色供应链的概念是一种在整个供应链中综合考虑环境影响和资源效率的现代管理模式，它以绿色制造理论和供应链管理技术为基础，涉及供应商、生产厂、销售商和用户，其目的是使产品从物料获取、加工、包装、仓储、运输、使用到报废处理的整个过程中，对环境的影响（负作用）最小，资源效率最高。

塑料废弃物的减量化应是从源头开始全过程的减量化，是塑料包装物从原材料的选择、设计、生产、销售，到消费和回收处理的全过程减量化和资源化过程，即实现塑料包装物供应链物质流动过程的绿色化、减量化。

因此，借鉴绿色供应链和生命周期理论，构造物质流过程减量化的绿色包装体系，减少包装废弃物的产生量，提高包装物的回收循环利用率，减少环境污染，实现包装业可持续发展。

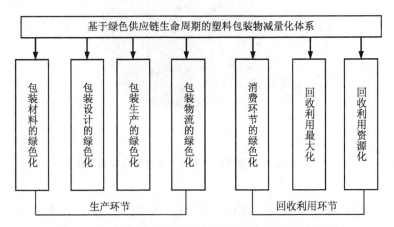

图6.5 基于绿色供应链生命周期的塑料包装物减量化体系

1. 选择绿色环保的包装材料

　　我国包装物的材料主要有纸质包装、塑料包装、金属包装、玻璃包装和少量木材包装，塑料是出现最晚的，但却是使用最多的。塑料作为包装材料，其主要特性是密度小、强度高，单位质量的包装体积和包装面积较大；化学性好，有良好的耐酸、碱、氧化和各类有机溶剂的特性；成型容易、成型能耗低、加工成本低；具有良好的透明性，易着色性；具有良好的强度，耐冲击，易改性。因此，塑料已被制作成软包装、罐、瓶、桶、盒等各种形式包装各类食品、饮料、日化产品、药品等。从 2015 年我国各类包装产品的使用占比来看，塑料软包装、PET 瓶等塑料包装产品的收入在各类包装产品当中位居前列，合计占比达 54%。

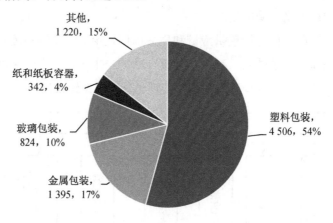

图 6.6　2015 年中国塑料包装行业主营业务收入及占比

　　塑料包装材料多属一次性使用产品，寿命短暂，若不注重回收、降解则会造成"白色污染"。为削减包装废弃物对环境的损害，中国在 10 年前便提出了"绿色包装"的概念。绿色包装统筹维护环境和资源再生两种含义，包装减量化即指包装在维护产品、便利、利于出售等功能条件下，应尽量削减用量或减少体积和材料消耗。

环保包装材料的选择应符合无害化、可再生利用等基本特性，主要包括可重复使用可再生的包装材料、可食性包装材料、可降解材料和天然纸质材料等。纯天然的环保包装材料虽然无毒，但商业成本较高。而复合环保材料具有成本低、易回收再生等特点，将成为未来环保包装的主流。包装物易于重复运用或回收再生利用，这是现阶段推动绿色包装切实可行的一步。目前运用的聚酯饮料瓶、奶瓶、玻璃制的啤酒瓶都能多次重复运用。无法重复运用的就需要考虑尽可能地分化降解、消融、从头成型。

2. 面向生命周期的绿色包装设计

产品生命周期（product life cycle）指一种产品从原料采集与配制、产品加工与制造、包装、运输、销售、使用、维修、最终再循环、再利用、资源化或作为无害废物处理等环节组成的全部过程的总和。把循环经济理念纳入产品生命周期管理，既丰富了产品生命周期里的内涵，也为绿色包装设计提供了与之相匹配的思想理念。在现实的生产、生活中，把绿色包装设计、生产、销售、回收等过程整合于包装产品的生命周期管理之中的包装产品就是绿色包装。从这个意义上讲，绿色包装管理指从包装产品系统的原料获取、产品设计、生产制造、储藏运输、维修到回收处理，以使用功能、市场、环保等需求为指引，进行全过程、全方位的统筹规划和科学管理。把绿色包装设计整合到产品生命周期之中，必须考虑原材料的采集与配制，并考虑该原材料的使用在产品生命周期过程对环境的影响。在绿色包装产品设计阶段，必须考虑产品的环境属性，统筹环境属性、包装寿命性能、可维修性、安全与保障性、可回收、可再生性、再制造性（可循环利用的性能）、绿色无污染性，生产成本、生产流程等诸多环节，从而实现在科学论证的基础上进行决策，确定最终的生产、使用方式。在生产制造阶段实行严格的全面质量管理（total quality management），以保证包装产品质量符合设计要求和规定标准。在使用阶段，避免过度包装，要保证在尽可能减量化的基础上使产品获得最大的效能。包装产品的回收阶段，需建立完善回收体系，尽可能地实现包装物再利用、资源化和无害化。

绿色包装设计（green packaging engineering design）的本质是绿色产品设计（green product engineering design），要求在产品设计阶段就考虑到包装产品整个生命周期全过程具有绿色环保的生态友好特性，把产品生命周期过程中各个阶段的价值实现方式、条件要求等诸多因素融入产品设计的理念，体现了循环经济的理念。与产品生命周期（产品自身绿色化）相匹配的绿色包装设计包括产品包装可靠性设计、产品包装减量化设计、产品包装无毒害化设计、产品包装再循环设计、基于产品包装资源化设计等。

3. 绿色包装的生产环节

我国有 2 万多家从事塑料再生加工的企业，绝大多数为中小型企业，以加工国内产生的塑料废弃物为主，这些企业主要分布在塑料加工行业内部，或废弃资源和废旧材料回收加工行业中。中小型企业在废塑料的收集、加工、出售和利用整个过程中管理和技术水平落后，可能会造成废水、废气、噪声和其他污染，而因为规模不足，存在包装物回收成本高、回收难度大等问题。所以应在整个物流过程尽可能减少塑料垃圾的产生。

随着标准化的普及，绿色包装逐渐实现包装模数化，即确定包装基础尺寸的标准，包装模数标准确定以后，各种进入流通领域的产品便需要按模数规定的尺寸包装。模数化包装是绿色包装的未来趋势，且利于小包装的集合，利用集装箱及托盘装箱、装盘，有效地将高效率的物流机械应用于物流作业当中，从而实现可持续发展与新技术的结合，并提高服务效率，同时实现包装的循环化使用。随着绿色包装的发展，包装模数立足于与仓库设施、运输设施尺寸模数统一化，从而有利于运输和保管，进而实现整个绿色物流系统的合理化和可持续化。

绿色包装的设计和生产需要政府出台有利于绿色包装的产业政策，引导包装企业向绿色包装方向转型发展，并运用社会主义市场机制，通过信贷优惠倾斜政策引导资金进入绿色包装企业，在可持续发展的前提下实现资金合理流动和优化配置；让协会成为桥梁，政府—协会—企业等多元主体在生产领域共同作用，打破地区封锁和市场分割，促进绿色包装的区域市场和国内统一市场的发育和形成。

4. 商品流通过程减少塑料包装及"白色"环境污染

商品流通是指商品或服务从生产领域向消费领域的转移过程总和。21世纪作为信息化的时代，商品流通呈现出快捷、便利、节能、环保等特征，商品流通业已成为第三产业的基础产业和主导产业，包括交通运输业、快递业、邮电通信业、国内外商贸业、饮食业、仓储业等。在商品流通过程中，塑料垃圾产生量最多的领域来源于快递和外卖行业。

绿色商品流通整合了绿色包装、绿色产品生产销售、产品消费的全过程，在这个过程中必须尽可能地避免对环境产生负面影响。

流通过程主要包括运输工具的选取与优化、门店配送与终端配送优化设计、意外事故的无污染处理等。其中，绿色运输是绿色流通的重要内容，需依靠运输工具的选取与优化来实现。交通运输工具对大气的污染主要来源于汽车等运输工具排放的尾气，其中含有一氧化碳、氮氧化物、铅氧化合物、浮游性尘埃等有害物质。在无污染运输工具全面替代燃油汽车之前，应尽量减少高污染运输工具的使用，相较于公路运输，铁路运输更加绿色低碳，因此，公路转铁路运输是一个提升物流生态效益的阶段性选择。政府需要出台积极的鼓励措施，通过补贴或者税收减免等方式促使企业减少商品运输环节的环境污染。

绿色商品的门店终端配送优化是绿色流通的重要环节之一。如何实现配送过程的高满载率与及时性的完美结合，是门店配送与终端配送优化设计亟待解决问题。这个问题的解决不仅为节能环保做出了贡献，还有利于降低企业经营成本；企业必须搜集店面、客户的地理位置信息，动态的道路状况信息，门店和客户终端的动态变动信息，运输工具的性能信息，利用动态最优规划设计，结合全球卫星定位系统的动态跟踪，逐步实现数字化、智能化绿色配送。

商品在运输过程中难免会有意外事故，例如，交通事故、火灾、水灾等。这种情况下不仅有造成商品损失的风险，还可能会造成环境污染；绿色物流考虑到意外情况和危机处理，能够动员全社会的资源实现快速反应即应急系统建设，试图把商品流通环节因意外因素造成的环境污染降低或彻底消除。

5. 绿色消费理念的提升

绿色产品只有得到消费者的认可才能成为绿色商品，这有赖于广大消费者不断提升绿色消费理念。绿色消费包括三层含义：一是倡导消费者在消费时优先选择绿色产品；二是在消费过程中不造成环境影响或污染；三是引导消费者在追求生活舒适的同时，注重环保、节约资源、承担废物分类回收等责任义务，实现可持续消费。我国的绿色消费起步较晚，尚未成为多数公众的消费习惯。而中国社会事物调查显示，只有 54%的国人有使用绿色产品的意愿。只有当绿色消费成为社会消费的主流和新时尚，绿色包装才能具有更大的市场成为一种必然的选择，并促使企业自觉使用绿色包装。

近年来，随着国民收入的提高，消费者对健康、环保、绿色的关注度不断提高。2017 年，"饿了么"启动"蓝色星球"计划，在 App 中上线"无需餐具"备注功能，鼓励用户减少一次性餐具的使用。据统计，截至 2018 年 3 月底，仅用了半年时间，"饿了么"全平台就完成了 1 600 万份"无需餐具"订单。同时，阿里平台上也上线了绿色产品，如图 6-7 所示，阿里平台上 4 年来绿色消费增长 14 倍，2015 年参与绿色消费规模超过 6 500 万人。但总体上追捧绿色消费者的群体还是偏低，绿色消费融入我国公民的生活习惯还需要一段时间，需要政府、社会团体、家庭和个人不断提升生态文明意识。从社会教育、学校教育、家庭教育入手进行全方位的节约资源与保护环境教育和绿色氛围营造，是新时期生态文明建设的根本要求。

当然，加快绿色包装立法步伐十分重要，进一步完善和落实《限制商品过度包装条例》，按照国际惯例，建立健全我国绿色包装的法律法规体制。就当前情况来看，一方面，针对我国包装行业发展所出现的问题，政府需出台相应法规加以规范，从宏观上引导包装行业向健康的方向发展；另一方面，政府要出台可持续包装相关政策，扶持绿色包装在各个行业领域发展。同时，制定包装产品环境标志，并对广大消费者进行包装产品环境标志的宣传。

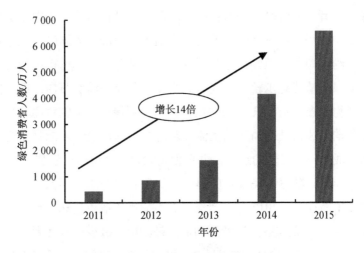

图 6.7   阿里平台绿色消费人数增长趋势

6. 塑料包装废弃物的回收

绿色包装设计基于循环经济理念得以实现的标志之一是包装物的回收利用。Roland Geyer 等在 2017 年的一项研究报告中指出，截至 2015 年，人类在过去 70 年中生产的 83 亿 t 塑料制品中仅有 20 亿 t 得到合理利用，大多是塑料包装物，而低回收率正是废塑料被人们认为"十恶不赦"的主要原因。塑料垃圾目前主要有 4 种处理方式：焚烧、填埋、回收和弃置环境。废弃物资回收体系一般先通过个体废品回收企业或回收商户，经过中介回收商再将废物汇集到大型的回收企业，经过回收再生成各类塑料再生材料，最后进入不同类型的塑料加工企业。北京塑料垃圾的回收流程如图 6.8 所示。在目前的回收模式下，个体回收者只愿意回收价值高的废旧物资，对于回收价值不明显的废旧物资拒绝接收，导致大量低值可回收资源被当作垃圾随意丢弃或者填埋，大量塑料瓶、电池、塑料包装袋等废弃物得不到有效回收，直接焚烧或者填埋，形成了环境污染潜在风险。

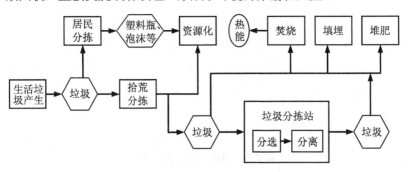

图 6.8　北京市塑料垃圾回收流程

随着人们生活水平的提高，低值可回收日用品每年的使用量已到了惊人的地步。以 1 个家庭 1 年使用洗涤灵 4 瓶、洗发水 4 瓶、洁厕灵 4 瓶，加上其他用品 4 瓶的最低用量来计算，北京目前有 300 多万个家庭，也就是每年的用量至少要 4.8 亿瓶。现在上门回收的公司都不愿收这类瓶，原因是回收此类容器不赚钱。如果政府通过给予回收企业补贴，同时向生产这些容器或产品的企业加收治理费，再提高塑料瓶的回收价格，无论是居民还是回收企业，回收的积极性会大幅提高。

回收利用包装废弃物是一个庞大的系统工程，为了实现可持续发展，必须积极鼓励扶持废弃物回收利用产业的发展，我国必须建立废旧物资回收系统，首先要建立起废旧物资的分类体系，教育和鼓励消费者对废旧物资进行自主分类，再分别送往指定的分类处理体系。回收利用包装废弃物的关键是建设包装废弃物回收利用网络，发展包装静脉产业，利用信息化平台，借助一切可能的技术手段，在政府的引导下积极培育回收利用一体化、系统化、信息化、现代化的产业体系。

（1）目前塑料垃圾回收资源化主要方式

塑料包装的回收资源化的方式主要分为 3 种：物理回收、化学回收和能量回收。目前我国的回收技术依然以物理回收为主，回收利用工序主要为收集、分类分离、清洗、干燥、破碎或造粒，经过改性再加工制成适合市场需求的产品或与新料混合使用，如表 6.1所示。

表 6.1　塑料垃圾回收方式

回收方式	分类	适用的废塑料	缺陷
物理回收	熔融再生	相对干净、易于清洗的废塑料或品种多样化、杂质多的废塑料	杂质多的废塑料所得的再生塑料稳定性较差，不适用于制造高档产品
	改性再生	较多	废塑料分选困难，分选出的废塑料多为一次性薄膜，利用价值较低，需与其他材质复合
化学回收	热分解回收法和化学分解回收法	较多	回收成本高
能量回收	无	较多	一些塑料在燃烧时会产生有害物质

物理回收是最简单可行的，一般分为熔融再生和改性再生。熔融再生分为简单再生和复合再生，简单再生主要用于回收成分单一、相对干净、易于清洗的废塑料，复合再生用于品种多样化、杂质多的废塑料，该类废塑料在回收再生前需进行分离和筛选，工艺复杂，且所得再生塑料稳定性较差，不适用于制造高档次产品。改性再生是通过物理或化学改性提高废塑料的抗冲击性、耐热性、抗老化性等，拓宽废塑料的应用渠道，提高其应用价值。城市生活垃圾中的

废塑料分选困难，分选出的废塑料多为一次性薄膜，利用价值较低，且表面黏有较多油脂等有机质，清洗过程会产生大量污水且难以清洗干净，因此该类废塑料一般通过与无机填料（如木粉等）复合制备木塑复合材料。图 6.9 为废塑料生产木塑产品的工艺流程。

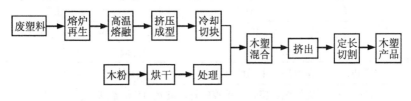

图 6.9 废塑料生产木塑产品的工艺流程

　　化学回收法是指通过化学法使废塑料转化为单体、燃料油或化工原料的方法，可分为热分解回收法和化学分解回收法。目前应用较多的废塑料化学回收法是高温热裂解或催化裂解。废塑料裂解制油是以石油为原料的化学工业制造塑料制品的逆过程，在 20 世纪 70 年代石油危机时已试验确认废塑料裂解制油的可行性。在热分解过程中使用合适的催化剂，即可得到高附加值的轻油和重油。城市生活垃圾中分选出的废塑料以 PE、PP 和 PS 为主，且这三类塑料具有较高的得油率，因此该方法可有效处理生活垃圾中的废塑料。

　　能量回收是通过有效回收废塑料在焚烧炉中焚烧时释放的能量，采用热交换器将其转化为热水或通过锅炉将其转化为蒸汽再利用。焚烧可大幅减少塑料的堆积量，可使废塑料减容 90%～95%。生活垃圾中含有较多难分选、难清洗、无法回收的混杂废塑料，利用能量回收法可实现生活垃圾的减量化、资源化处理。但生活垃圾中的废塑料中还含有少量聚氯乙烯、聚丙烯腈、聚氨酯等，这些塑料在燃烧时会产生有害物质，例如，PVC 在燃烧时会产生氯化氢气体，聚丙烯腈和聚氨酯燃烧时会产生氰化氢，因此如何做到抑制污染物排放，不产生二次污染至关重要。

废旧塑料可回收再利用主要途径如表 6.2 所示。

表6.2　塑料垃圾回收再利用

塑料名称	原材料的用途	回收料的用途
PET	软饮料瓶、织物纤维、枕头填充物、睡袋填充物	软饮料瓶、清洁剂瓶、地毯纤维、滑雪衣
HDPE	购物袋、牛奶瓶、洗发水瓶	清洁剂瓶、垃圾箱、水管
PVC	果汁瓶、铅管、橡胶软管、鞋底	清洁剂瓶、窗框、人造革
LDPE	农业用薄膜、包装薄膜、购物袋	垃圾袋、垃圾箱、桶
PP	冰激凌杯、吸管、薯片包装袋、快餐盒	电池盒、保险丝盒、汽车零件

（2）废塑料减量化的潜力分析

综上所述，通过多种垃圾减量化途径，可以得出塑料垃圾的可减总量和减量潜力。将塑料垃圾的减量总量定义为 P，总的减量比率定义为 L，各种减量途径下可减总量定义为 X_i，减量化途径包括绿色包装材料选择的减量 X_1、绿色包装设计减量 X_2、绿色包装生产减量 X_3、绿色包装流通减量 X_4、绿色消费减量 X_5、绿色包装回收减量 X_6 和包装资源化 X_7 的减量，则

$$P = X_1 + X_2 + X_3 + X_4 + X_5 + X_6 + X_7 \tag{6-1}$$

$$L = \frac{X_1 + X_2 + X_3 + X_4 + X_5 + X_6 + X_7}{P}$$
$$= Y_1 + Y_2 + Y_3 + Y_4 + Y_5 + Y_6 + Y_7 \tag{6-2}$$

因统计数据缺乏，塑料垃圾物质流过程减量潜力的测算有待进一步深入研究，这里采用估算的方法初步测算塑料制品物质流过程的减量总量和减量潜力。

仅从塑料物质流末端来看，2015 年北京市塑料垃圾产生量为 154.82 万 t，其中快递包装 19.60 亿件，仅回收 7.39 亿件，排放废弃 12.21 亿件，假设快递包装袋均为宽 38 cm、总长 52 cm 的中号包装袋，则每个包装袋使用 0.20 m² 塑料薄膜，总共浪费 2.442 亿 m² 塑料薄膜，这些废塑料是可以回收的。北京市每年塑料瓶的用量为 4.8 亿多瓶，按 10%的回收量，则有 4.32 亿瓶被浪费，按 5 万 t 废塑料瓶=30 万 t 石油计算（数据来源于新华网），每年浪费 25.92 亿 t 石油。从数量上可以看出，塑料垃圾减量潜力巨大，具有很好的经济价值和绿色价值。

（四）塑料垃圾减量的实现途径

1. 政府鼓励

垃圾资源化产业需要经济激励撬动，也有赖于回收体系建立及其效能的提升。我国塑料垃圾回收利用率低的根本原因在于缺乏完整的废旧塑料回收体系，塑料垃圾再生利用的价值较低，或者塑料再生材料产品成本高、价值低，资源化产业存在发展瓶颈，初期欠规模，回收成本过高，也难以激发企业回收意愿。政府可以运用合理经济手段通过对企业进行补贴、提供税收优惠、改革价值链等方式激发企业的回收动力，促进产业的绿色发展。例如，可以制定差别税率，规定对包装材料进行回收利用的公司，根据其回收率的高低，适当减免企业相关的税收。快递和外卖公司推广使用绿色包装、采取减少包装材料用量等措施，可在税收上获得一定程度减免。

另外，提高回收效率的同时减少前端塑料垃圾的产生，鼓励企业创新"绿色包装"新举措和新技术，加大科研力度，积极推动新型包装材料的生产和使用，并对于新型包装材料的生产企业在税收政策等方面适当给予倾斜。

2. 政策引导

塑料垃圾之所以给环境带来危害原因是塑料垃圾的处理不当。"白色污染"正是由于塑料垃圾被随意丢弃堆积而造成的。所以对塑料餐具包装等的处理就显得尤为重要。其实大多数塑料垃圾是可以回收再利用的，但因需要较大的成本，回收价值相对废金属等较低，使废塑料回收体系难以形成和顺利发展。国外为解决此类问题实施了专门的包装废弃物处理法规：日本的《包装回收再生利用法》，要求除包装生产商外，从事运输、代理、批发、零售的企业也必须负责回收包装物。法国的《包装废弃物运输法》明确规定，消费者有义务将废弃的包装物主动交给生产商或者零售商回收处理。我国也需要出台专门的废弃物处理法规，建立起包装废弃物回收处理成本分担制、回收服务外包等形式灵活的回收制度，完善相关制度体系和实施细则，形成回收成本由政府、企业和消费者多主体共同承担，能够实现外部性内部化的回收利用制度体系。

塑料垃圾管理的短板在于垃圾分类和前期生产、分销、消费过程的减量，社会主体缺乏自觉减塑、限塑意识，对于塑料减量化系统管理薄弱，制度化体系欠缺是主要影响因素，后期技术不是主要障碍。绿色低碳发展的大趋势是塑料垃圾减量的契机，可以针对传统过度包装、快递、外卖 3 个重要领域展开研究，制定行业垃圾减量路径、方案，支持再生资源回收企业，激发回收企业的积极性，推动再生资源产业发展，形成回收利用网络；出台相关政策鼓励环保公司研究开发利于降解和回收循环利用的环保型塑料材料，研发塑料制品的循环利用工艺流程并降低成本。

社会教育和学校教育双管齐下培养全民绿色消费意识，优先从政府、公益机构与企业，以及人群集中的高校等地倡导和推广绿色消费观念，提倡可回收包装物的重复使用，鼓励塑料包装物可持续的循环利用，从源头上解决塑料垃圾的产生。企业可以采用押金制、优惠券奖励、共享包装等减量和回收机制鼓励消费者参与回收循环使用塑料制品。

3. 监督管理机制

强有力的监督管理必不可少。政府各部门和行业协会等专业组织实现无缝衔接，各司其职，建立联合管理、监督执法机制。塑料垃圾减量管理涉及多个部门，包括：质监部门，负责加强包装产品质量的监管、宣传和计量，完善相关标准；邮政部门，担负指导和监管快递业绿色发展的责任，负责出台快递行业垃圾减量有关政策措施、标准，落实企业责任；城市管理委员会开展城市生活垃圾管理，而生活垃圾量中包装物的贡献很大，需要立足垃圾分类减量的工作，将包装物垃圾的分类、回收和资源化作为城市生活垃圾的工作重点来抓；科委等科技部门要引导科技界开展对于安全环保的特种材料开发，以及实现包装物减量循环等领域研究；政府还应通过引导公众参与、公众监督的方式扩大塑料包装垃圾减量措施的影响力和社会参与度，鼓励公众对塑料包装使用不当企业进行举报和抵制等行为。

4. 全链条管理

对于塑料制品和塑料包装行业加强基于绿色低碳循环发展理念的规范化管理十分必要，需要完善相关标准和相应的制度，推动行业生产者责任延伸制度，引导环保产业的发展，建立基于绿色供应链的标准化管理体系，即生产、营销、消费、回收一体化，包装厂家—电商—快递公司—运输公司等整个行业大数据信息共享、统筹管理和联动发展。

在法律法规方面，政府可以通过修订固废法，推出强制回收制度、管理办法和限塑名录等，补齐政策短板，出台快递、外卖和电商企业绿色发展相关政策。对快递、外卖包装前端绿色设计和可循环设计领域加大支持力度，完善包装标准，减少包装种类，提升质量，建立回收渠道、回收方法，逐步统一外卖、快递包装规格标准，出台配套市场准入政策，对过度包装、一次性、难回收等类型包装加以限制；对于可重复利用的包装，鼓励采用押金制或社区回收平台等方式进行回收。在企业管理方面，推广包装碳足迹等绿色低碳指标，设置红黑名单制度、企业信用制度、电商平台绿色认证和绿色准入制度等，多管齐下，推动塑料包装业绿色转型。由于电商平台具有跨地区特点，需要整体规划电商平台的绿色发展模式，推动行业跨区域管理。在塑料行业制定行规，众行其道，相互监督，抵制不良。在社区管理方面，政府加强社区垃圾基础设施建设和管理：快递和外卖包装垃圾大部分可以回收循环利用，应重点针对这类垃圾进行管理。如在社区的垃圾回收站可设立专门的包装垃圾回收点，设置专门的运输车辆，并可配备专门社区包装垃圾回收人员等。最后，塑料制品行业也要树立生态文明思想，制定行规，多管齐下，才能将"白色垃圾"遏制住。

（五）本章小结

本章梳理了塑料垃圾的物质流过程，当前塑料垃圾减量化的关键领域在于快递与外卖包装、塑料瓶和一次性餐具的减量，重点环节在于生产和流通环节的减量，加强末端废物分类回收管理，以及促进公共参与和政府规制的协同互动，以此构建出政府规制、政策引导、多方监督机制和全链条管理促进塑料垃圾的减量。

参考文献

[1] 袁挺侠，何延新，薛梅，等. 城市垃圾处理方法评述及综合处理之初探[J]. 环境研究与监测，2014，3：63-66.

[2] 李正诗，姚延梼. 森林城市建设途径与策略——以晋城市为例[J]. 森林工程，2014（4）：178-181.

[3] Hoornweg D，Bhada-Tata P，Kennedy C. Wasteproduction must peak this century[J]. Nature，2013，502：615-617.

[4] 陈颖雯，程敏，黄梅玲，等. 城市生活垃圾处理中的能源化与温室气体减排[J]. 环境卫生工程，2012，20（1）：40-43.

[5] 商务部流通业发展司，中国物资再生协会. 中国再生资源回收行业发展报告 2019[EB/OL]. http：//ltfzs.mofcom.gov.cn/article/ztzzn/201910/20191002 906058. shtml.

[6] 中国环境界网. 美国垃圾管理机制——商业模式下的系统化垃圾理[DB/OL]. http：//www. cecc-china. org. 2010-07-29.

[7] 中国环境界网. 德国垃圾管理机制——垃圾减量及回收利用的典范[DB/OL]. http：//www. cecc-china. org. 2010-07-29.

[8] 赵婷. 我国城市生活垃圾污染防治的法律对策研究[D]. 太原：山西财经大学，2011.

[9] 李卓立. 我国城市生活垃圾污染防治立法研究[D]. 赣州：江西理工大学，2011.

[10] 苗珍珍. 餐厨垃圾管理的法律对策研究[D]. 济南：山东师范大学，2015.

[11] 彭霄. 城市生活垃圾分类的法律治理[J]. 理论界，2014（4）：90-93.

[12] 夏艳清. 产业生态化视角下的城市生活固体废物管理研究[J]. 宏观经济研究，2016，9：52-66

[13] James G. Abert，Harvey Alter，J. Frank Bernheisel. The economics of resource recovery from municipal solid waste[J]. Science，1974，183（4129）.

[14] Seadon J K. Integrated waste management – Looking beyond the solid waste horizon[J]. Waste Management，2006，26（12）.

[15] Choy K L，Kuik S S，Nagalingam S V，et al. Sustainable supply chain for collaborative manufacturing[J]. Journal of Manufacturing Technology Management，2011，22（8）：984-1001.

[16] Atousa Soltani，Rehan Sadiq，Kasun Hewage. Selecting sustainable waste-to-energy technologies for municipal solid waste treatment：A game theory approach for group decision-making [J]. Journal of Cleaner Production，2016（113）：388-399.

[17] Kurland N B，Zell D . Green management[J]. Organizational Dynamics，2011，40（1）：49-56.

[18] Kung F H，Huang C L，Cheng C L . Assessing the green value chain to improve environmental performance：Evidence from Taiwan's manufacturing industry[J]. International Journal of Development Issues，2012，11（2）：111-128（18）.

[19] Richard Cardinali，Daniel Hunt. Growth and implications of network systems. technological and legislative issues[J]. Computer Communications，1994，17（8）：611-618.

[20] Hao J L，Hills M，Huang T. A simulation model using system dynamic method for construction and demolition waste management in Hong Kong[J].

Construction Innovation，2007，7（1）：7-21.

[21]　Vivian W Y. What makes manufacturing companies more desirous of recycling？
Bülent Basaran[J]. Mana gement of Environmental，2013，24（1）：107-122.

[22]　Grant D B，Banomyong R . Design of closed-loop supply chain and product
recovery management for fast-moving consumer goods：The case of a
single-use camera[J]. Asia Pacific Journal of Marketing & Logistics，2010，22
（2）：232-246.

[23]　Khetriwal D S，Kraeuchi P，Widmer R. Producer Responsibility for E-waste
Management：Key Issues for Consideratione-Learning from the Swiss
Experience[J]. J Environ Manage，2009，90：153-165.

[24]　Lombrano A. Cost Efficiency in the management of solid urban waste[J].
Resour Conserv Recy，2009，53：601-611.

[25]　Morrissey A J，Browne J. Waste management models and their application to
sustainable waste management[J]. Waste Manage，2004，24：297-308.

[26]　熊孟清，隋军，徐建韵，等. 垃圾处理产业的基本范畴[J]. 环境与可持续
发展，2009，34（6）：47-50.

[27]　李珍刚，胡佳. 城市垃圾协同治理机制的构建[J]. 广西民族大学学报（哲
学社会科学版），2013，35（5）：149-155.

[28]　许崴. 关于城市生活垃圾处理决策若干问题的探讨[J]. 科技管理研究，
2013，33（7）：205-209.

[29]　虞维. 基于准公共品视角的农村生活垃圾处理政策研究[D]. 杭州：浙江财
经学院，2013.

[30]　李慧明，王军锋. 物质代谢、产业代谢和物质经济代谢——代谢与循环经
济理论[J]. 南开学报（哲学社会科学版），2007（6）：98-105.

[31]　王军锋. 基于代谢视角的物质经济代谢分析框架研究[J]. 中国地质大学学
报（社会科学版），2009，9（2）：6-12.

[32] 刘滨，王苏亮，吴宗鑫. 试论以物质流分析方法为基础建立我国循环经济指标体系[J]. 中国人口·资源与环境，2005，15（4）：32-36.

[33] 陈志祥，马士华，陈荣秋，等. 供应链管理与基于活动的成本控制策略[J]. 工业工程与管理，1999（5）：32-36.

[34] Simon Croom，Pietro Romano，Mihalis Giannakis. Supply chain management：An analytical framework for critical literature review[J]. European Journal of Purchasing and Supply Management，2000，6（1）：67-83.

[35] 蓝伯雄，郑晓娜，徐心. 电子商务时代的供应链管理[J]. 中国管理科学，2000（3）：2-8.

[36] 董安邦，廖志英. 供应链管理的研究综述[J]. 工业工程，2002（5）：16-20.

[37] George A Zsidisin，Sue P Siferd. Environmental purchasing：A framework for theory development[J]. European Journal of Purchasing & Supply Management，2001，7（1）：1-73.

[38] Narasimhan R，Carter J R. Environmental Supply Chain Management[J]. Industrial Management and Data Systems，2001，98（7）：313-320.

[39] 徐学军，樊奇. 对我国企业绿色供应链管理的思考[J]. 科技管理研究，2008（3）：47-48.

[40] 刘彬，宝建梅. 我国制造企业绿色供应链管理实施策略研究[J]. 生态经济（学术版），2007（2）：199-202.

[41] Diane Mollenkopf，Hannah Stolze，Wendy L. Tate，Monique Ueltschy. Green，lean and global supply chains[J]. International Journal of Physical Distribution & Logistics Management，2010，40（1/2）：14-41.

[42] 顾志斌，钱燕云. 绿色供应链国内外研究综述[J]. 中国人口·资源与环境，2012，22（S2）：204-207.

[43] 高晓龙，宗刚，戴嵘. 城市固体废物产生量与经济增长脱钩关系的实证研究——以北京市为例[J]. 环境卫生工程，2015，3：1-5.

[44]　陆钟武，王鹤鸣，岳强. 脱钩指数：资源消耗、废物排放与经济增长的定量表[J]. 资源科学，2011，33（1）：2-9.

[45]　贾丽艳. 科学发展观引领下的生态文明建设[J]. 辽宁工程技术大学学报（社会科学版），2008（2）：113-116.

[46]　莫桂烈. 改革开放以来生态文明建设的理论发展及桂林的实践经验[J]. 江西农业，2020（6）：108-109.

[47]　习近平. 在全国生态环境保护大会的重要讲话[N]. 人民网，2018-05-18.

[48]　中共中央宣传部. 习近平总书记系列重要讲话读本[M]. 北京：学习出版社，人民出版社，2014.

[49]　中共中央文献研究室. 习近平关于社会主义生态文明建设论述摘编[M]. 北京：中央文献出版社，2017.

[50]　王志刚. 践行绿色发展理念，加快推进垃圾分类[N]. 运城日报，2020-10-28（007）.

[51]　陆学，陈兴鹏. 循环经济理论研究综述[J]. 中国人口•资源与环境，2014，S2：204-208.

[52]　Fan-Hua Kung，Cheng-Li Huang. Assessing the green value chain to improve environmental performance — Evidence from Taiwan's manufacturing industry[J]. Development Issues，2012，11（2）：111-128.

[53]　Hao J L, Hills M J, Huang T. A simulation model using system dynamic method for construction and demolition waste management in Hong Kong[J]. Construction Innovation，2007，7（1）：7-21.

[54]　王攀，任连海，赵苗. 青岛市餐厨垃圾现状调查及分析[J]. 环境污染与防治，2013（4）：99-103.

[55]　张玉英. 太阳能产业绿色供应链运作模式研究[D]. 武汉：武汉理工大学，2011.

[56]　汪应洛，王能民，孙林岩. 绿色供应链管理的基本原理[J]. 中国工程科学，

2003（11）：82-87.

[57] 熊孟清，隋军，徐建韵，等. 垃圾处理产业的基本范畴[J]. 环境与可持续发展，2009，34（6）：47-50.

[58] 黄中显，付健. 循环经济视域下我国城市生活垃圾减量化的法律调整[J]. 法学杂志，2015，36（6）：58-66.

[59] 邓俊，徐琬莹，周传斌. 北京市社区生活垃圾分类收集实效调查及其长效管理机制研究[J]. 环境科学，2013（1）：395-400.

[60] 中国人民大学. 我国城市生活垃圾管理状况评估报告[EB/OL]. http：//news. sciencenet. cn/htmlnews/2015/5/318269. shtm.

[61] 中国报告大厅. 201 9年生活垃圾清运量达到2. 04亿t，垃圾处理企业如何布局？[EB/OL]. http：//www. cn-hw. net/news/202004/16/72619. html，2020-04-16.

[62] Charnes A，Cooper W W，Rhodes E. Evaluating Program and Managerial Efficiency：An Application of Data Envelopment Analysis to Program Follow Through[J]. Management Science，1981，27（6）：668-697.

[63] Banker R D，Charnes A，Clarke R，et al. Constrained game formulations and interpretations for data envelopment analysis[J]. European Journal of Operational Research，1989，40（3）：299-308.

[64] Andersen P，Petersen N C. A Procedure for Ranking Units in Data Envelopment Analysis[J]. Management Science，1993，39（10）：1261-1264.

[65] Bromley D W Kneese，Allen V Robert U，Ralph C Arge. Economics and the Environment：A Materials Balance Approach，Baltimore[J]. American Journal of Agricultural Economics，1970，53（4）：687.

[66] Ayres R U. Resources，Environment and economics：Applications of the materials/energy balance principle[M]. New York：John Wiley & Sons Ltd.，1978.

[67] Udo deHaes H A，Guinee J B，Huppes G. Materials balances and flow analysis of hazardous substances；accumulation of substances ineconomy and environment[J]. Milieu，1988，2：51-55.

[68] Wernick I K，Ausubel J H. National material metrics for industrial ecology[J]. Resources Policy，1995，21（3）：189-198.

[69] 周凤禄，张廷安. 物质流分析的研究与应用[A]. 中国金属学会冶金反应工程分会. 第十三届（2009 年）冶金反应工程学会议论文集[C]. 中国金属学会冶金反应工程分会：中国金属学会，2009：7.

[70] 李正诗，姚延梼. 森林城市建设途径与策略——以晋城市为例[J]. 森林工程，2014，30（4）：178-181.

[71] 王攀，任连海，赵苗. 青岛市餐厨垃圾现状调查及分析[J]. 环境污染与防治，2013（4）：99-103.

[72] 刘爱军，沈洪澜，狄传华. 餐馆餐厨垃圾减量研究——基于南京消费者数据为例[J]. 环境卫生工程，2015（5）：8-9，12.

[73] 詹爱平. 餐厨垃圾的源头减量处理研究[D]. 武汉：华中科技大学，2011.

[74] 王挺. 北京市生活垃圾源头减量化对策研究[D]. 北京：北京建筑大学，2013.

[75] 陈冠华，王维平. 生活垃圾管理绩效评价指标体系构建——基于循环经济的视角[J]. 中国行政管理，2008（S1）：41-43.

[76] 杜倩倩，马本. 城市生活垃圾计量收费实施依据和定价思路[J]. 干旱区资源与环境，2014（8）：20-25.

[77] Gweneth M. Chappell. Food Waste and Loss of Weight in Cooking[J]. British Journal of Nutrition，1954，8（4）.

[78] 中研网. 菜市场升级为综合服务市场猪肉蔬菜价格实现安全追溯[EB/OL]. http://www. chinairn. com/news/20160128/153423937. shtml，2016-01-28.

[79] 王攀，任连海，赵苗. 青岛市餐厨垃圾现状调查及分析[J]. 环境污染与防治，2013，35（4）：99-103.

[80] 孙营军. 杭州市餐厨垃圾现状调查及其厌氧沼气发酵可行性研究[D]. 杭州：浙江大学，2008.

[81] 熊婷，霍文冕，窦立宝，等. 城市餐厨垃圾资源化处理必要性研究[J]. 环境科学与管理，2010，35（2）：148-152，190.

[82] 王艳光. 抚顺市区餐饮业食品安全现状及监管对策[D]. 长春：吉林大学，2012.

[83] 隽娟，钱建华，秦雪英，等. 北京城区餐饮业餐厨垃圾管理现况调查[J]. 中国公共卫生，2014，12：1553-1555.

[84] 陈绍军，李如春，马永斌. 意愿与行为的背离：城市居民生活垃圾分类机制研究[J]. 中国人口·资源与环境，2015，25（9）：168-176.

[85] Gustavsson J，Cederberg C，Sonesson U，et al. Global food losses and food waste[R]. Rome：Food and Agricultural Organization of the Unite Nations，2011.

[86] Lipinski B，Hanson C，Lomax J，et al. Reducing food loss and waste working paper，Installment 2 of creating a sustain-able food future [R/OL]. http://www.worldresourcesreport. org. Washington D C：World Resources Institute，2013.

[87] Kummu M，Moel H，Porkka M，et al. Lost food，wasted resources：Global food supply chain losses and their impacts on freshwater，cropland，and fertiliser use [J]. Science of the Total Environment，2012，438：477-489.

[88] 胡越，周应恒，韩一军，等. 减少食物浪费的资源及经济效应分析[J]. 中国人口·资源与环境，2013，12：150-155.

[89] 赵雪雁. 不同生计方式农户的环境感知——以甘南高原为例[J]. 生态学报，2012，32（21）：6776-6787.

[90] 邓俊，徐琬莹，周传斌. 北京市社区生活垃圾分类收集实效调查及其长期

效果[J]. 环境科学，2013，34（1）：395-400.

[91] 郑雪清. 基于供应链视角的净菜产业发展策略[J]. 福建商业高等专科学校学报，2015，3：58-62.

[92] Buzby J C，Hyman J. Total and per capita value of food loss in the United States [J]. Food Policy，2012，37（5）：561-570.

[93] 隋玉梅，李振山，曲晓燕，等. 北京市生活垃圾分类小区垃圾桶配置的模拟计算[J]. 北京大学学报（自然科学版），2010，2：265-270.

[94] 邓俊，徐琬莹，周传斌. 北京市社区生活垃圾分类收集实效调查及其长期效果[J]. 环境科学，2013，34（1）：395-400.

[95] 朱瑛. 净菜社区配送模式初探[J]. 保鲜与加工，2013，5：53-55.

[96] Buzby J C，Hyman J. Total and per capita value of food loss in the United States [J]. Food Policy，2012，37（5）：561-570.

[97] 饭菜吃不完如何不浪费？ 健康处理剩饭菜方式[J]. 现代食品，2015，18：63-64.

[98] 鲁先锋. 垃圾分类管理中的外压机制与诱导机制[J]. 城市问题，2013，1：86-91.

[99] 贾姗. 个人参与碳减排的行为及其支付意愿的影响因素研究[[D]. 成都：西南财经大学，2012.

[100] 宋剑飞，李灵周，朱洁. 西宁、宁波、苏州餐厨垃圾管理及处置模式对比分析与经验借鉴[J]. 北方环境，2012，27（5）：93-97.

[101] Whitehair K J，Shanklin C W，Brannon L A. Written messages improve edible food waste behaviors in a university dining facility[J]. Journal of the Academy of Nutrition and Dietetics，2013，113（1）：63-69.

[102] Peng J，Zhou S Y. Environmental perception and awareness building of Beijing citizens：A case study of Nansha river[J]. Human Geography，2001，16（3）：21-25.

[103] 田高良，赵宏祥，李君艳. 清单管理嵌入管理会计体系探索[J]. 会计研究，2015，4：55-61，96.

[104] 宋剑飞，李灵周，朱洁. 西宁、宁波、苏州餐厨垃圾管理及处置模式对比分析与经验借鉴[J]. 北方环境，2012，27（5）：93-97.

[105] 周传斌，曹爱新，王如松. 城市生活垃圾减量化管理模式及其减量效益研究[A]. 科技部，山东省人民政府，中国可持续发展研究会. 2010 中国可持续发展论坛 2010 年专刊（二）[C]. 2010，5.

[106] Peng J，Zhou S Y. Environmental perception and awareness building of Beijing citizens：A case study of Nansha river[J]. Human Geography，2001，16（3）：21-25.

[107] 龙岩市环境卫生管理处. 我国餐厨垃圾处理现状分析[EB/OL]. http：//lyhwc.longyan.gov.cn/news/hydt/201406/t20140606_434535.htm，2014-06-05.

[108] 王丹丹. 城市污泥与餐厨垃圾渗滤液共消化机制的试验研究[D]. 重庆：重庆大学，2014.

[109] 佚名. 推广使用再生纸的意义[J]. 福建纸业信息，2006（4）：13.

[110] 张智光. 绿色供应链视角下的林纸一体化共生机制[J]. 林业科学，2011，47（2）：111-117.

[111] 陈翔，肖序. 中国工业产业循环经济效率区域差异动态演化研究与影响因素分析——来自造纸及纸制品业的实证研究[J]. 中国软科学，2015（1）：160-171.

[112] 刘焕彬. 低碳经济视角下的造纸工业节能减排[J]. 中华纸业，2009，30（12）：10-12.

[113] 赵会芳，沙力争. 中国造纸产品的生命周期分析[J]. 纸和造纸，2004（1）：76-79.

[114] 王奇，汪清，潘国隆. 我国废纸循环利用的适度水平研究[J]. 生态经济，2012（2）：127-131，149.

[115] 中国造纸协会. 中国造纸工业 2015 年度报告[R]. 中华纸业, 2016（11）：20-31.

[116] 张进锋, 聂永丰. 垃圾处理领域的技术发展和启示[J]. 环境科学研究, 2006, 19（1）：57-63.

[117] 唐帅, 宋维明. 美国废纸回收利用的经验做法与借鉴[J]. 对外经贸实务, 2014（6）：25-27.

[118] 叶健蓉. 中德两国废纸回收率差距分析及其对我国的启示[J]. 科技创业月刊, 2009, 22（2）：80-81.

[119] 胡东宁. 国际废纸贸易的现状分析与再生资源贸易的政策研究[J]. 湖北社会科学, 2011（1）：101-103.

[120] 本刊综合. 塑料垃圾：地球难以承受之重[J]. 发明与创新（大科技）, 2017（10）.

[121] 蔺泓涛. 城市社区快递包装废弃物回收影响因素的系统动力学（SD）研究[D]. 太原：太原理工大学, 2018.

[122] 夏慧玲. EPR 视角下的快递包装物循环利用策略研究[J]. 物流工程与管理, 2016, 38（4）：51-52.

[123] 曹玉亭, 张锦赓. 废旧塑料的再生利用[J]. 当代化工, 2011, 40（2）：190-192.

[124] 国家发展和改革委员会. 中国资源综合利用年度报告（2014）[R]. 再生资源与循环经济, 2014, 7（10）.

[125] 施爱芹, 俞洁. "零废弃" 包装理论研究[J]. 包装工程, 2013（1）：126-130.

[126] 王澜, 杨梅. 从 "3R" 原则分析绿色包装设计[J]. 包装工程, 2008（2）：162-165.

[127] 马蕾. 可持续性包装设计探讨[J]. 包装工程, 2011, 32（4）：77-80, 100.

[128] 阳培翔, 谢亚, 牟信妮. 节约型社会纸包装结构设计应用[J]. 包装工程, 2013, 34（7）：126-129.

[129] 杨光, 鄂玉萍. 低碳时代的包装设计[J]. 包装工程, 2011, 32（4）：81-83.

[130] 张勇军, 胡宗义, 刘亦文. 包装产业低碳化发展中的利益相关者研究[J]. 包装工程, 2013, 34（1）: 142-145.

[131] 王仁祺, 戴铁军. 包装废弃物物质流分析框架及指标的建立[J]. 包装工程, 2013, 34（11）: 16-22.

[132] 张军, 梅仲豪, 冯江. 知识经济时代包装行业信息化发展策略探究[J]. 包装工程, 2015, 36（3）: 147-151.

[133] 张佳宁, 刘芳. 快递包装低碳化的设计思考[J]. 包装工程, 2014, 35（4）: 82-85.

[134] 曹西京, 张婕. 包装废弃物回收物流管理的探讨[J]. 包装工程, 2009, 30（5）: 189-191.

[135] 钱博章. 废旧塑料的回收利用新进展[J]. 现代塑料, 2005（9）: 64-66.

[136] 钱伯章, 朱建芳. 废塑料回收利用现状与技术进展[J]. 化学工业, 2008, 26（12）: 33-40.

[137] 胡守仁. 我国废塑料回收和进口现状浅析[J]. 再生资源与循环经济, 2012, 5（8）: 24-28.

[138] 伍跃辉. 废塑料资源化技术评估与潜在环境影响的研究[D]. 哈尔滨: 哈尔滨工业大学, 2013.

[139] 毕莹莹. 废PET分级利用基准与再生利用技术实验研究[D]. 成都: 西南交通大学, 2017.

[140] 唐赛珍. 我国塑料废弃物资源化现状及前景[J]. 新材料产业, 2011（10）: 62-67.

附 录

附录1 食物垃圾调查问卷

餐饮行业厨余垃圾问题调查问卷（一）

为了调查目前餐厨垃圾的处理现状，下面打扰您几分钟时间，为我们填一份简单的不记名调查问卷，我们不会透露您的信息，谢谢您的配合！

请将您所选择的选项字母编号填写在（　）内，本张问卷有填空题，单选题也有多选题，括号后没有特殊标记的都是单选题，填空题和多选题在括号后都会特别标记出来。请您先做第一题。根据第一题的选项结果，按照调查对象的不同，您可以选择问卷一、问卷二填写相关信息，谢谢您的配合！

1. 您的身份是（　）。

若您选择的是 B，C，D 则填写问卷一；若您选 A，则填写问卷二。

A. 消费者

B. 厨师

C. 餐厅管理者

D. 餐厅服务员

问卷一　餐厅管理者眼中的餐厅厨余垃圾现状

2. 您所在餐厅规模是（　　）。

A. 大型餐馆：是指经营场所使用面积在 $500\sim3\,000\ m^2$（不含 $500\ m^2$，含 $3\,000\ m^2$），或者就餐座位数在 $250\sim1\,000$ 座（不含 250 座，含 $1\,000$ 座）的餐馆

B. 中型餐馆：是指经营场所使用面积在 $150\sim500\ m^2$（不含 $150\ m^2$，含 $500\ m^2$），或者就餐座位数在 $75\sim250$ 座（不含 75 座，含 250 座）的餐馆

C. 小型餐馆：是指经营场所使用面积在 $150\ m^2$ 以下（含 $150\ m^2$），或者就餐座位数在 75 人以下（含 75 座）以下的餐馆

3. 您所在餐厅的日平均客流量是（　　）人/d。（填空题）

4. 您所在餐厅采用下列（　　）方式采购食材。

A. 直接从食材产地采购　　　　B. 从蔬菜批发市场采购

C. 由配送公司每天定时配送

5. 您所在餐厅倾向于购买（　　）。

A. 净菜　　　　　　　　　　B. 非净菜

6. 餐厅厨房加工过程产生厨余垃圾的原因是（　　）。（多选）

A. 材料质量问题

B. 加工、操作方式食材利用率不高

C. 餐厅疏于对浪费现象进行有效管理

D. 采买、运输、仓储不当造成加工前损耗

7. 餐厅餐前垃圾总量大概是（　　）kg/d 厨余垃圾。（填空）

8. 餐厅餐后垃圾总量大概是（　　）kg/d 厨余垃圾。（填空）

9. 餐厅怎样支持减少垃圾的行为（　　）？（多选）

A. 使用经济手段，对浪费行为适当收费

B. 营造鼓励节约的环境，告知或张贴提醒标语

C. 采购原料时，注意食材的质量和包装，减少垃圾

D. 厨房操作时，注意减少厨余垃圾

E. 不支持，只要效益好，反正是消费者买单

10. 餐厅厨余垃圾的去向（   ）。（多选）

A. 自己处置

B. 集中送往厨余垃圾处理厂处理

C. 交给其他个体商户处理

D. 直接排放到生活垃圾里面

问卷二　消费者眼中的餐厅厨余垃圾现状

11. 您的收入是（   ）。

A. 5 000 元以下 　　　　　　B. 5 000～10 000 元

C. 10 000～20 000 元 　　　　D. 20 000 元以上

12. 一般来该餐厅的人均消费是（   ）。

A. 100 元/人以下 　　　　　　B. 100～500 元/人

C. 500～1 000 元/人 　　　　　D. 1 000 元/人以上

13. 您来餐厅消费的原因是（   ）。（多选）

A. 请朋友吃饭 　　　　　　B. 家人，亲戚一块吃饭

C. 公务接待 　　　　　　　D. 自己消费

14. 您对于剩菜的处理方式（   ）。（多选）

A. 一般都打包，赞成节约

B. 剩得比较多，打包带走，剩得不多，留给服务员收拾

C. 请朋友或公务餐，不好意思打包，自己消费则打包

D. 从不打包

15. 您对于饭后打包剩菜行为的看法是（   ）。

A. 是一种文明消费新风，能够有效遏制餐桌浪费行为

B. 觉得丢面子，不愿意打包

C. 觉得剩菜不好吃，或者不卫生，不愿意打包

D. 没这个习惯或没必要

16. 您认为厨余垃圾的危害（　　）。（多选）

A. 疾病传播 　　　　　　 B. 污染环境

C. 浪费资源 　　　　　　 D. 影响市容市貌

E. 没什么危害，像普通垃圾一样处理

17. 您认为应该如何减少餐饮垃圾？（　　）（多选）

A. 提高个人素质，适量点餐

B. 打包

C. 餐厅提高餐饮质量

D. 政府加大管理力度，倡导节约

E. 餐厅管理者的有效管理

如果您有其他减少餐饮垃圾的建议：

_____

社区居民厨余垃圾情况调查问卷（二）

为了调查目前社区居民厨余垃圾产生和管理的现状，下面打扰您几分钟时间，为我们填一份简单的不记名调查问卷，我们不会透露您的信息，谢谢您的配合！

本张问卷有填空题，单选题也有多选题，括号后没有特殊标记的都是单选题，填空题和多选题在括号后都会特别标记出来。请您先做第一题。根据第一题的选项结果，按照调查对象的不同，您可以选择问卷一、问卷二填写相关信息，谢谢您的配合！

1. 您的身份是（　　）。

若您选 B 则做问卷一，若您选 A 则做问卷二。

A. 小区物业人员

B. 小区居民

问卷一

2. 您的家庭类型是（　　）。

A. 老年型家庭　　　　　　　　B. 中青年家庭

C. 老中青型家庭　　　　　　　D. 青年型家庭

3. 您的受教育水平是（　　）。

A. 硕士及以上　　　　　　　　B. 本科

C. 初高中　　　　　　　　　　D. 小学及以下

4. 您的家庭成员人数是（　　）。

A.1~3 人　　　　　B.4~6 人　　　　　C.6 人以上

5. 您家的人均月收入是（　　）。

A.2 500 元以下　　　　　　　B.2 500~5 000 元

C. 5 000～10 000 元　　　　　　D. 10 000 元以上

6. 您的家庭每天在家就餐次数是（　　）。

A. 1 次　　　　B. 2 次　　　　C. 3 次　　　　D. 0 次

7. 您是去（　　）购买当日蔬菜?

A. 农贸市场　　　　　　　　　B. 超市

C. 就近选择摊位

8. 您家里倾向于购买（　　）。

A. 净菜　　　　　　　　　　　B. 非净菜

9. 您认为可以怎样减少在烹饪过程中的厨余垃圾?（　　）（多选）

A. 尽量选购质量好的净菜，减少下脚料的来源

B. 良好的饮食习惯，每天适量烹饪

C. 适量购买

D. 合理储藏食物

10. 您家庭每天大概产生多少厨余垃圾?（　　）

A. 1 kg 以下　　　　　　　　　B. 1～2 kg

C. 2～3 kg　　　　　　　　　　D. 3 kg 以上

11. 您家里每天是怎样处理没有吃完的剩菜的?（　　）

A. 没有剩　　　　　　　　　　B. 丢掉

C. 下顿吃　　　　　　　　　　D. 给宠物吃

12. 您家里的厨余垃圾是如何处理的?（　　）

A. 与生活垃圾分类包装，投入厨余垃圾桶

B. 与生活垃圾混装，投入生活垃圾桶

C. 小区没有分类垃圾设施，全投到生活垃圾箱

D. 我们分类投放，垃圾清运车混装

E. 有专门的厨余垃圾机器处理

13. 您有经常接受垃圾分类的教育或在社区看到宣传报吗?（　　）

A. 经常 　　　　 B. 不经常 　　　　 C. 没有

14. 您所知道的家庭厨余垃圾处理方式？（　）（多选）

A. 与生活垃圾一起混装处理

B. 与生活垃圾分类包装

C. 小区集中处理

D. 分类收集送往厨余垃圾处理厂

15. 您认为厨余垃圾不能有效分类的原因是（　）。（多选）

A. 居民没有将厨余垃圾和生活垃圾分类的意识

B. 小区物业厨余垃圾设施不健全，没有设置专门的厨余垃圾桶

C. 社区管理，宣传培训不够

D. 政府政策措施不够

F. 居民没有形成良好习惯

16. 关于垃圾的处理，您有何建议？（　）（多选）

A. 应强化对餐厨垃圾的管理，制定《餐厨垃圾回收利用法》

B. 由有关部门统一回收，统一管理，形成专门制度

C. 加大宣传力度

D. 社区居民有责任心和垃圾分类处理意识

E. 社区完善生活垃圾分类处理设施

建议：＿＿＿＿＿＿＿＿＿＿＿＿＿＿＿＿＿＿＿＿＿＿＿＿＿＿＿

问卷二

17. 您所在的小区是否是垃圾分类示范小区？（　）

A. 已经是垃圾分类示范小区

B. 已经是垃圾分类试点小区

C. 非试点小区，但有基本垃圾处理设施

D. 非试点小区，也无基本垃圾处理设施

18. 您所在的小区有（　　）户居民。（填空题）

19. 您所在的小区在北京的哪个地理位置？（　　）

A. 东城区、西城区

B. 海淀、丰台、石景山、朝阳区域内

C. 远郊区

20. 您所在小区每天产生（　　）kg 生活垃圾〔根据生活垃圾日产生量 1 kg/（户·天）〕。（填空题）

21. 您所在小区每天产生（　　）kg 厨余垃圾。（填空题）

22. 您所在社区统一处理厨余垃圾的方式是（　　）。

A. 自己处置

B. 集中送往厨余垃圾处理厂处理

C. 交给其他个体商户处理

D. 直接排放到生活垃圾里面

23. 您认为厨余垃圾不能有效分类的原因是（　　）。（多选）

A. 居民没有将厨余垃圾和生活垃圾分类的意识

B. 小区物业厨余垃圾设施不健全，没有设置专门的厨余垃圾桶

C. 社区管理，宣传培训不够

D. 政府政策措施不够

E. 居民没有形成良好习惯

24. 关于厨余垃圾的处理，您有何建议？（　　）（多选）

A. 应强化对餐厨垃圾的管理，制定《餐厨垃圾回收利用法》

B. 由有关部门统一回收，统一管理，形成专门制度

C. 加大宣传力度

D. 社区居民有责任心和垃圾分类处理意识

E. 社区完善生活垃圾分类处理设施

建议：_____

食堂餐厨垃圾问题调查问卷（三）

为了调查目前食堂餐厨垃圾的处理现状，下面打扰您几分钟时间，为我们填一份简单的不记名调查问卷，我们不会透露您的信息，谢谢您的配合！

本张问卷有填空题，单选题也有多选题，括号后没有特殊标记的都是单选题，填空题和多选题在括号后都会特别标记出来。请您先做第一题。根据第一题的选项结果，按照调查对象的不同，您可以选择问卷一、问卷二填写相关信息，谢谢您的配合！

1. 您的身份是（ ）。

若您选择的是 A、B、E，填写问卷二；若您选 C、D，则填写问卷一。

A. 在校学生　　　　　　　　B. 在校老师

C. 食堂服务员　　　　　　　D. 食堂管理员

E. 其他消费者

问卷一　餐厅管理者眼中的餐厅厨余垃圾现状

2. 您所在食堂每天就餐人数大约是（ ）人/d。（填空题）

3. 食堂每天餐前厨余垃圾大约（ ）kg。（填空题）

4. 食堂每天餐后的垃圾大约（ ）kg。（填空题）

5. 您所在食堂的经营方式是（ ）。

A. 学校自办食堂，自主经营

B. 学校把食堂的经营权对外承包，并提供场地，但采购权归学校管理

C. 学校把食堂的经营权和采购权统一对外承包

6. 您所在食堂采用下列（　）方式采购食材。

A. 直接从食材产地采购

B. 从蔬菜批发市场采购

C. 由配送公司每天定时配送

7. 您所在食堂倾向于购买（　）。

A. 净菜　　　　　　　　　　B. 非净菜

8. 高校食堂加工过程产生厨余垃圾的原因是（　）。（多选）

A. 定量不合理，产生过多剩菜剩饭

B. 加工、操作过程食材利用率不高

C. 食堂管理者没有对浪费现象进行有效管理

D. 食材质量不好

9. 食堂厨余垃圾的去向是（　）。（多选）

A. 自己处置

B. 集中送往厨余垃圾处理厂处理

C. 被其他个体商户收走

D. 直接排放到生活垃圾里面

10. 您认为应该如何减少餐饮垃圾？（　）（多选）

A. 提高个人素质，适量点餐

B. 食堂提高餐饮质量

C. 政府加大管理力度，倡导节约

D. 食堂管理者的有效管理

E. 按照食客需要合理设计菜品规格

F. 采购原料时，注意食材的质量和包装，减少垃圾

G. 厨房操作时，注意减少厨余垃圾

H. 加大仓储管理

问卷二

11. 您认为厨余垃圾的危害是（ ）。（多选）

A. 疾病传播   B. 污染环境

C. 浪费资源   D. 影响市容市貌

12. 食堂饭菜有何问题？（ ）（多选）

A. 饭菜质量不太好

B. 菜系一成不变

C. 饭菜加工，卫生不达标

D. 食材不够新鲜

13. 您认为如何减少餐饮垃圾（ ）？（多选）

A. 提高个人素质，适量点餐

B. 食堂提高餐饮质量

C. 政府加大管理力度，倡导节约

D. 食堂管理者的有效管理

E. 按照食客需要合理设计菜品规格

F. 采购原料时，注意食材的质量和包装，减少垃圾

G. 厨房操作时，注意减少厨余垃圾

H. 加大仓储管理

若您还有其他建议：＿＿＿＿＿＿＿＿＿＿＿＿＿＿＿＿＿＿

附录2　厨余垃圾减量绿色感知度指标量表
（问卷变量描述及量表）

感知度指标	问卷内容	测度赋值
绿色价值观念	1. 您是否愿意经常购买净菜、净食品？*√ 2. 您对分类回收行为的认可程度如何？*√ 3. 您对待食品资源浪费的态度如何？*√ 4. 您对剩饭菜的态度如何？　*√	1. 愿意=3；不确定=2；不必要=1。 2. 接受=3；不确定=2；做不到=1。 3. 反对=3；无所谓=2；浪费食品可以接受=1。 4. 尽量不剩饭=3；偶尔=2；剩饭菜无所谓=1
环境意识及环境危机感	5. 是否关注厨余垃圾造成的环境问题？*√ 6. 对于厨余垃圾污染和资源浪费问题严重性的感受如何？*√	5. 经常关注=3；偶尔关注=2；不关注=1。 6. 感知强烈=3；感知较弱=2；没有感知=1
厨余垃圾减量和回收管理认知度	7. 相关部门或小区宣传教育力度是否在加强？*√ 8. 奖惩措施和力度如何？* 9. 相关法规的了解程度如何？*√ 10. 所在小区或餐饮行业垃圾处理现状是否在好转？*√ 11. 是否经常推广宣传厨余垃圾减量回收的方法和技术？*√ 12. 餐厨垃圾管理制度是否完善？√ 13. 倡导餐饮节约的氛围如何？√ 14. 对消费者餐饮浪费行为是否会干预？√	7. 加强=3；没变化=2；退化=1。 8. 有明确的奖惩=3；很少奖惩=2；不奖惩=1。 9. 非常了解=3；了解=2；不了解=1。 10. 好转=3；没变化=2；恶化=1。 11. 经常=3；一般=2；没有=1。 12. 完善=3；没变化=2；没有专门管理=1。 13. 氛围强烈=3；氛围较弱=2；无氛围=1。 14. 强烈干预=3；偶尔干预=2；不干预=1

感知度指标	问卷内容	测度赋值
设施完善感知度	15. 采购净菜食品的便利性？*√ 16. 家庭垃圾桶的设施有几个？* 17. 垃圾收集便利性如何？* 18. 垃圾分类设施便利性如何？* 19. 餐桌纸塑料等垃圾是否与餐饮垃圾的分类归置程度？√ 20. 有无餐厨垃圾处理设备？√	15. 便利=3；净食品较少=2；没有或不方便采购=1。 16. 3 个以上=3；2 个=2；1 个=1。 17. 非常方便=3；较方便=2；不方便=1。 18. 便利=3；一般=2；不方便分类=1。 19. 分类=3；较少分类=2；混合收集=1。 20. 有油水分类器=3；有隔油池=2；无=1
厨余垃圾减量意愿	21. 是否更愿意购买净菜和净食品？*√ 22. 是否愿意垃圾分类？*√ 23. 是否愿意减少剩菜剩饭（餐饮业包括打包）行为？*√ 24. 是否愿意提高食材利用率？*√	21～24： 愿意=3；无所谓=2；不愿意=1

注：由于社区居民和餐饮服务业厨余垃圾资源减量具有相似性和差异性，设计的问题中，社区居民测度问题为*，餐饮服务业为√。

后 记

　　生活垃圾作为百姓身边的"关键小事"，却以小见大，是一个城市治理能力、治理水平的体现，也是社会治理能力的表现。因为生活垃圾不仅产生于每个人的生活过程，还有赖于全社会的共同可持续社会规范和环保行动，也是社会生态文明程度的体现。生活垃圾不仅涉及生活废弃物排放及其科学的管理和处置，还涉及其深层次的生产、生活、消费行为、理念，甚至价值观，不仅是身边所见的垃圾处理问题，还是生活消费源头及整个过程的复杂系统管理问题。从生活垃圾源头减量和全过程可持续管理的视角，我们对生活垃圾的管理理念和管理体系还存在诸多系统欠缺的问题，需要加以系统完善。因此，本书从这样的目的出发，探讨了生活垃圾系统减量问题，包括管理系统、过程系统以及提出了管理措施作用于人们行为存在协同性的问题，梳理指出管理系统和物质流过程管理的缺口不足之处，试图对当前环境管理的复杂巨系统所应当具备的管理理念和管理模式进一步完善提供一些参考和贡献。

　　本书是本研究团队的集体研究成果，课题已经通过专家评审结项，并获得专家好评。课题研究期间硕士研究生牟雪娇、王丽娜同学为本课题做了大量调研和本书撰写工作，评审专家庄贵阳教授、姜永海研究员、刘学军教授、戴铁军教授、徐向阳教授作为项目结题评审专家，对成果进行了评审，并提出宝贵意见！在这里感谢为本课题和本书的完成提供支持的专家、学生及所有人，也感谢家人的支持！

希望将生活垃圾管理能作为生态文明建设的重要有机组成部分，不断为夯实经济社会绿色可持续发展的社会共识、环保行为和社会生态规范的坚实基础作出贡献！

崔铁宁，女，山西芮城人，博士、博士后，
美国纽约州立大学水牛城分院访问学者。

作者简介

现任北京工业大学经济管理学院教授，博士生导师。有14年环境保护管理工作经历，以及15年高等学校教学科研经历。2004年毕业于南开大学环境科学与工程专业并获理学博士学位；2005年调入北京工业大学经济管理学院任教；2005—2007年为"985工程"哲学与社会科学南开大学循环经济创新基地博士后；2013—2014年受国家留学基金委资助赴美国纽约州立大学水牛城分院做访学。

主要社会兼职有中国生态经济学会生态工业专业委员会常务理事、中国环境科学学会会员、北京能源学会会员、北京自然基金评审专家、*Environment, Development and Sustainability*，《现代财经》、《重庆理工大学学报（社科版）》等期刊评审专家。

第十二届、第十三届北京市政协委员，第十三届、十四届、十五届民革北京市委委员，第十一届、十二届民革中央教科文卫体委员会委员，第七届、第八届北京市人民政府特约监察员，北京市政府特约建议人、北京 2022 年冬奥会和冬残奥会可持续性咨询和建议委员会委员、民革北京市委人口资源环境专业委员会副主任、中央统战部建言献策信息员、北京工业大学党风廉政建设监督员、女教授协会理事、民革北工大支部主委、北京工业大学城市副中心研究院副院长、经管学院教代会委员。

长期从事区域和产业绿色经济、循环经济、环境规划与管理研究，在再生资源产业化发展机制与政策、垃圾分类和可持续管理，以及区域绿色发展、生态文明等领域，取得了系列研究成果。累计主持和参与国家社科基金、科技部重大国际合作专项、北京市社科基金、北京市委组织部优秀人才项目等科研项目 20 余项；在中国环境出版集团出版专著 3 部，在科学出版社、高等教育出版社等出版合著 2 部；在 Scientometrics、《科技管理研究》《系统工程理论与实践》等期刊发表论文近 80 篇，其中以第一作者发表核心期刊论文 40 余篇，SCI/SSCI、CSSCI、EI、CSCD 收录 30 余篇，多篇论文被人大复印报刊资料《国民经济管理》全文转载或索引；代表性成果获得省部级奖励，多项调研、提案、建议获得参政议政优秀成果奖。

主要研究方向：循环经济、生态经济、环境规划与评价。

主要讲授课程：循环经济概论、全球能源博弈与低碳发展、公共关系学等。

建议被采纳和获奖情况：

- **获奖**

◇　廉以立身，正道直行——北京高校廉政风险防范管理的理论与实践，北京工业大学出版社，2011.08，获得中国大学出版社优秀学术著作奖（中国大学出版社协会）（合著）

◇　崔铁宁，鲁婷. 城市公共自行车自愿碳减排机制初探，获得

优秀论文一等奖（四川省循环经济学会）

✧ 崔铁宁，生态文明视域下循环发展理论及制度框架研究，获得优秀论文奖（四川省循环经济学会）

✧ 2008 年度获得中国环境科学学会第七届中国优秀环境科技工作者奖

✧ 论文成果 9 篇次获得省、市级优秀论文一等奖、二等奖、优秀奖等

✧ 三次被评为内蒙古自治区、呼和浩特市先进个人

- **信息建议采纳情况**

✧ 2015 年市政协协商议政信息报送工作中被北京市政协《诤友》采纳 5 条，其中，4 条被市政府采用，3 条被市委采用，1 条被全国政协采用，1 条被市政协副主席赵文芝批示，本人被评为市政协 2015 年度优秀信息员（15 人），并代表发言

✧ 2016 年提交的关于大气雾霾污染治理的提案被政府部门采纳 15 条，得到有关市领导重视，并在市政协集中办理协商会上做主题发言

✧ 2016 年反映社情民意信息被《诤友》采用 1 篇

✧ 2018 年度在市政协协商议政信息报送工作中涉及个人所提建议信息 3 条被《诤友》采用，其中 2 条信息被市政府特刊采用，1 条信息被市委常委、宣传部长杜飞进批示

✧ 2013 年"构建志愿者服务机制，促进参与型社会管理模式发展的建议"得到民革中央和北京市委统战部的采纳

✧ 2010 年、2011 年、2012 年、2013 年、2015 年所撰写提案被民革中央采纳，作为党派中央提案提交全国政协，并得到办理

- **部分提案建议获奖**

  ✧ 2017 年《关于打造以生态文明委引领的北京城市副中心的提案》获北京市政协优秀提案奖

  ✧ 2018 年《关于进一步大力推进生活垃圾分类回收的提案》获北京市政协优秀提案奖

  ✧ 2013 年、2015 年两度中央统战部全国优秀党外知识分子建言献策信息员（全国每年 30 个人左右）

  ✧ 2015 年度北京市政协信息工作先进个人

  ✧ 2011 年度、2015 年度民革中央全国参政议政先进个人

  ✧ 2010 年、2011 年、2012 年、2013 年、2015 年度民革中央提案工作突出贡献奖

  ✧ 2014—2015 年民革北京市委参政议政先进个人

  ✧ 2008 年民革北京市委《关于构建环北京绿色生态屏障圈的调研及对策建议》获得北京市统战系统优秀提案一等奖（课题组成员）

  ✧ 2008 年《关于朝阳区发展循环经济的对策建议》获得区政协优秀提案二等奖

  ✧ 2009 年"民革北京市委先进个人"

  ✧ 2010 年被评为民革北京市委先进党员

  ✧ 2010 年民革北京市委优秀女党员

  ✧ 2011—2014 年北京市朝阳区信息工作先进个人

联系方式：

邮箱：cuitiening@163.com；cuitiening@bjut.edu.cn

地址：北京市朝阳区平乐园 100 号北京工业大学经济与管理学院，100124